TTS新書

アスベスト発生源は、あなたの家？

藤田克彦

東京図書出版

はじめに

本書は、アスベストによる健康被害を扱っていますが、一般に「飛散性アスベスト」と呼ばれる吹付け石綿の施工に関する被害や、石綿の製造工場の作業員や周辺住民の被害などについては一切ふれません。こういった内容を知りたい方は、関連した本が別に何冊も出版されているのでそちらを探してください。

この本は、もっと身近なところにあるアスベスト、あなたが今住んでいる住宅に潜んでいるアスベストによる健康被害を扱います。「非飛散性アスベスト」に分類される「石綿含有建材」と呼ばれるもので、屋根や壁に使われています。あなたの住まいが築二十年以上であって、古民家風の茅葺屋根のようなよほど古い家ではない、ごく普通の造りの家であれば、私の経験から60%以上の確率でどこかにアスベストが使われています。

もちろん「非飛散性」の名の通り、そのままでアスベストが飛散することはないので、現在のあなたの健康には何の心配もありません。

問題は、あなたの住まいを解体する場合、全部でなくても一部を解体してリフォームする場合も同様ですが、確実にアスベストが飛散することです。

アスベストを飛散させない解体手順は、法律で決められています。その通り施工すれば、間違いなく飛散しないことは実証実験などで確認されています。

しかし、法律は破られるためにあると言われます。無視する業者もいれば、表面のみ繕ってごまかす業者もいます。そのような業者にあなたの家の解体を任せれば、アスベストが飛散し、近隣の親しい方に取り返しのつかない迷惑をかけることになるのです。

本書の第一部では、一体どういう迷惑がかかるのか小説仕立てで描写します。

第二部では、解体工事を発注する場合、さらにご近所で解体工事が始まった場合のリスクなどについて、わかりやすく解説します。

身近に潜むアスベストに関する正しい知識を身につけていただくことが、本書の目的です。ぜひご一読ください。

アスベスト発生源は、あなたの家？ ◇ 目次

第一部　小説編

アスベスト発生源は、あなたの家？

まえがき

住宅の建て替えを予定しているあなたへ。

新築工事の前提として、古家を解体する必要があり、解体工事をどこに依頼するか検討しているあなたへ。

業者を決める前に、将来起こりうるリスクについて考えていただくことを、お勧めします。


大手住宅メーカーや、まともな会社は、コンプライアンス遵守が徹底しており、問題が起きてもすべて責任を負う態勢で臨むため、諸経費が割高になるのが避けられない。

そのような会社が、無法状態の不良解体業者と同じ土俵で比較されれば、「高い」の一言でひとたまりもなく却下されてしまう。

不良業者は、とにかく仕事が早い。法律無視が前提だから何の準備もいらず、近隣への配慮もいい加減、防音・防塵のための仮設資材は最小限であり、シートをおざなりに張って、ガンガン壊す。一時はうるさいが、何日も続かないので、近隣がこれ以上は我慢できないと思う頃には、工事が終わってしまう。現場は更地になって、辺りは静まりかえる……。

迷惑期間を最小限にする点は大手も見習うべきではないのか。

しかし、見習うわけにはいかない。すべてが法律違反なのである。

騒音・振動レベルの超過、分別解体と再資源化義務違反、廃棄物の保管や運搬基準違反、道路不法使用や過積載など道路交通法違反、家電製品の不正処理、さらにフロンガスの違法な放出など、さまざまな法規制がすべて無視されている。

そして何よりも問題なのは、「アスベスト」対応がまったくできていない点である……。


無事解体工事が終わり、希望通りの新築住宅にあなたが住むことができたとして、これからお話しするのは、それから二十年後、あなたの家のお隣に住む一家に起きた出来事です……。

なお、現在から二十年後に舞台を設定した話ではありますが、SF小説ではないので、未来予測の側面は話の展開上必要な部分のみとし、そのほかは明らかに不自然でない限り、生活や交通機関等現在と変化がないものとして描写していることをご了承願います。

第一章　症　状

西暦二〇三六年の初秋。夏の暑さを感じることが少なくなり、いつの間にか歩道の側溝に茶色に色づいた木の葉が何枚か落ちているのに気がつく。私鉄の駅からそんな並木道を十分程歩いたところの閑静な住宅地。カーポートの隣に小さな門扉があり、ごく短いタイル張りの通路の先に玄関戸、その脇に少し伸びすぎた芝生を植えた小さな庭があるような。そんなありふれた住宅の一軒の中で、本田繁夫は居間のソファーに寝転んでテレビを見ている。

本田は五十五歳。食品メーカーに勤めるサラリーマンである。

かれこれ四十年前、この地区一帯は地元デベロッパーが宅地造成し、まとめて五戸、十戸と次々に建売住宅を建設した。当時新たにできたばかりの私鉄駅の徒歩圏内だが、周辺は田園風景といってよく、舗装も幹線道路のみで農業用の砂利道が縦横に走るような土地柄だった。そこに突如造成工事が始まった。田んぼが埋め立てられ、低い丘は削られて平らになり、広大な住宅団地が形成されたのだった。

瞬く間に立ち並んだ住宅は、派手な装飾部分は少ないが、当時としては比較的高級な部類に入るものだった。

建設当時高校生だった本田は隣の駅寄りの、家族と一緒に住む賃貸アパートから、たまたまこの近くの高校に通っていて、一部始終を見ていた。本田の父親の稼ぎでは、到底移り住むことはありえない一戸建て住宅であり、自分とは全く無関係と思っていた。

ところがどんな巡り合わせか、結局本田はその一棟を新築後十年目に中古で購入し、新婚夫婦二人で入居することになったのだった。

本田繁夫二十五歳、妻理恵二十二歳の時である。

お隣の家も元々同じ建設会社による建売住宅だったが、本田が移り住んでからさらに十年ほど経って、それまで住んでいた家族が転勤のため売りに出した。すぐに買い手がつき、今はお隣さんとなっている夫婦が購入した。築二十年を経過していたが、外観上何も支障はないように見えた。しかし、買い主は元々建て替えるつもりで購入したものと見えて、空き家のまま全部解体し、更地にした上で現在の住まいを新築したのであった。

ここまでの経緯を年号順に書いてみた。（括弧内は、本田の年齢）

一九九六年：建売住宅新築（十五歳・高校生）
二〇〇六年：本田、中古住宅購入（二十五歳・新婚）
二〇一六年：隣家建て替え（三十五歳・子供二人）
二〇三六年：現在、築四十年（五十五歳）

お隣は建て直しただけあっておしゃれな家で、ことによると設計士に依頼したものかもしれなかった。玄関が一階ではなく二階にある。本田にはとても思いつかない設計である。門を入ると、飾り手すりのついた少しカーブした階段が二階まで続き、その先に凝った模様の入った木彫りの玄関ドアがある。二階には広いバルコニー付きの居間があるらしい。妻の埋恵は新築間もないころ一度招かれたことがある。日当たりはいいし眺めも良かったそうである。

しかし、毎日いやおうなく二階に上がらなくてはいけない。一階の和室を自分の部屋にして、一度も二階に上がらない日も多い本田としては、疑問を感じる設計であった。

本田の家は、何度かリフォームして特に問題なく過ごしているが、築年数から見て建て替えの時期に来ている。しかし、今年二十三歳になる息子清明と二十一歳の娘の聡美の今後を見極めてから、どうするか考えるつもりである。

二人はともに同居しており、自宅から通勤通学している。

清明は、去年地元のＩＴ関連の中堅企業に就職し、研修期間を経て営業部に所属したため、まだ先輩に同行することが多く、接待その他で毎日帰りが遅い。

聡美は経済学部の大学三年生、そろそろ就職活動を始める時期である。本人は大手銀行を目指しているが、成績がぱっとせず、ことによると無理かもしれない。通える距離の会社であれば当分同居が続くだろうが、勤務地によっては出て行く可能性もある。

二人に結婚の話が出るのはいくら早くても二、三年は先だが、この家に住むのが夫婦二人だけになるのか、若夫婦が同居するのかでは話がまったく違ってくる。……

二人を前提にするならリフォームで十分だが、それなりの費用がかかる。いまどき同居はないだろうと思うものの、万一同居となった場合にはリフォームが無駄になる上、経済的な問題で建て替えの選択肢がなくなってしまう。

それはさておき、本田には不安を感じていることがあった。

子供二人の健康問題である。清明も聡美も、最近体調が悪く、元気がない。

清明は、夏頃から咳き込むことが多く、このところ気温が下がってきたせいか呼吸のたびに喘息のような音を立て始めた。

聡美の方は、胸のむかつきというか不快な圧迫感が続いているという。

一時的によくなることがあり、その日は何ともなく治ったのかと思っていると、何かの拍子に症状が出るのである。

詳細を本人に語ってもらうことにする。

清明の症状

僕は小さいころから喘息持ちで、小学校時代は特にひどかった。夜、咳が出始めるとなかなか止まらず、横になると胸が圧迫されるような感じがして余計苦しくなるので、布団の上に正座をして背中を丸めた格好で何とか咳をこらえようとする。そして、こらえきれなくなると、苦しい咳がいつまでも続いた。

季節の変わり目、特に夏から秋にかけて、ちょうど今頃のように朝夕ひんやりした空気が感じられ始めると、喉からラッセル音が出るようになり徐々に苦しくなって、ついに咳が出始める。体を動かすだけで咳き込んでしまうので、じっと治まるのを待つしかなかった。

この時期は運動会の季節であり、運動どころか、通学するのも休み休み歩かなければならない僕は、毎年見学せざるをえなかった。

もともと運動神経に恵まれず、それでなくても体育の成績が悪かったが、秋になると体育の授業にも出席できなくなり、ますます運動が苦手になるという悪循環に陥っていた。

特に球技は嫌いだった。野球など、どこへ行くかもわからない小さな球を受けたり投げたりなどは全くできなかった。自分に向かってきた球を直接受けることができず、グローブで叩き落として、地面に転がったところを拾う有り様だった。これでは仲間の誰にも相手にされなかった。同級生が楽しそうにキャッチボールをしているのを見ると、その仲の良さはうらやましかったが、キャッチボールがしたいと思うことはなかった。

中学生になると体質が変わったのか、秋に入っても不調を感じることがなくなった。しかし、いまさら何をしても運動神経の鈍いことには変わりがなく、体育の成績は最下位で、好きなスポーツ種目など全くなかった。

それ以来十年間は再発することなく経過したが、毎年この時期は好きになれない。

しかし去年の今頃、新入社員の研修がようやく終わり、先輩と一緒に得意先回りを始めたばかりの時だった。まだ暑い日もあったが、時として冷ややかな空気を感じる時期、あのいやな季節を迎えて、突然喉の不調を感じたのだ。空気の通り道が半分くらいに急にふさがった感じがあり、時としてかすかにヒューという音がする。思い出したくもない小学生時代の病に囚われた日々がよみがえって、暗澹とした気持ちになった。

てっきり喘息がぶり返したのかと思ったが、そのときはしばらくすると治まり、あとはなんでもない日々が続いた。

今年の健康診断は六月にあった。胸部レントゲン検査で「軽微な所見あり」で要経過観察になっていた。診察した医師は少し影のようなものがあるが、薄くぼんやりした感じではっきりしないということだった。暑くなる直前で、特に調子も悪くなく、気に留めなかった。

ところが秋に近づくと、本格的にぶり返した。ついに咳が出始めたのだ。子供の頃の喘息と同じ咳だった。急に体調が悪くなり、何をするにもだるい感じが抜けなくなった。

聡美の症状

私には兄と違って小児喘息の症状は全くありませんでした。私はどちらかというと活発な方で、机での勉強よりも体育の時間を楽しみにしていました。クラブには入っていませんでしたが、テニスが好きで、近所にあった時間貸しのコートで仲のいい友達と毎日のように練習をしていました。

胸の重苦しい感じは、以前からあったのかもしれませんが、はっきり気がついたのは、去年の春頃でした。元々花粉症はなかったのですが、突然花粉症になる友人もいたので、ひょっとしたらその前触れかと根拠もなく思ったりしました。そのまま目や鼻に異常はなく、かといって重苦しい感じが消えることもなく、何か憂鬱な日々が続くことになりました。

この一年は、時々変な咳が出たりまた別のときは微熱が出ることもありましたが、風邪のひきかけのようでもあり、暖かくしていると治ったりを何度か繰り返していました。

最近は、吐き気がこみ上げるようなそれほどでもないような、何とも微妙な感じのむかつきを感じることがあります。胸を軽く押さえつけられたような圧迫感もあります。運動をして特にひどくなるということはなく、かすかな不快感が続くため、何か元気が出ないのです。はっきりとここがおかしいと言えないので、なんとなく調子が悪いという状態をずるずると引きずっています。

五月に学校で健康診断を受けましたが、特に何も言われていません。


こういう状況だったので、本田としてはこの際二人とも精密検査を受けるべきだという考えに至ったのである。

清明がネットで個人の診察状況を呼び出し、精密検査を申し込んだ。

すぐに検索結果が出て、精密検査先として近くの総合病院が表示された。併せて診察データを呼び出すためのセキュリティコードが、図形で現れる。図形は携帯端末に登録した。

続いて指定された総合病院のホームページから、聡美と合わせて二人分の予約を申し込んだ。

当日は、清明は休暇を取り、聡美は学生なので都合をつけて、理恵が車で送り迎えをすることにした。

聡美は、体が少しだるく感じる程度以外の症状はなかったが、清明は思い出したように咳をし始めると、しばらく間歇的に咳が止まらないといった調子だった。


「本田さん、本田清明さん」

まず清明が呼ばれて診察室に入った。

担当の医師は、三十代前半に見える若さで「舟山です」と名乗った。

舟山医師は、早速セキュリティコードを提示させ、清明の診察データをチェックした。

清明の症状を聞き取りながら、とりわけ胸部レントゲンを仔細に見ていた。

「本田さん。肺の下の方の細胞に若干の影が見られますね。この程度ではあまり症状が出ないはずですが、咳が出る原因は、やはりこれ以外にはなさそうです。もう少し詳しく検査する必要がありますが、内視鏡ではここまで届きそうにないので、とりあえずＣＴを撮ってみましょう」

簡易型のCT装置がすぐ脇の小部屋に設置されており、五分も経たないうちに撮影を完了した。清明が席に戻ると、すでに舟山医師はCT画像を点検していた。

「本田さん、組織採取して検査をしないと確定診断は出せないのですが、原因はアスベストだと思います。肺胞が固化までは行っていないが、変質している。その原因物質は画像には写っていない。つまり、かなり微細な物質だということです。通常のじん肺であれば何らかの粒子などが確認できますが、それが見当たらない。そういう物質はアスベスト以外にはまずありません」舟山は、かなり確信を持った口調で言った。

「アスベスト、ですか？」清明は驚いた。

「たぶん間違いないですね。最近の吸引ではありません。少なくとも十年以上前のことだと思います。

十年以上前となると、あなたは小学生以下なので、本人がアスベストにかかわる仕事をしているはずはないですね。ご両親がそういう関連だったということはないですか」

「いえ、聞いたこともありません」清明は呆然とする思いで答えた。

舟山医師によれば、胸腔鏡手術による病変部の肺胞切除を推奨するという結論だった。切除して機能が戻るわけではなく、若干多めに切除することが考えられるので、現状よりも機能低下の可能性がある。つまりそれだけ余計に咳が出ることになる。しかし、放置すれば病変が進む可能性がある。その場合は、過剰切除よりもさらに広い範囲の機能低下を招くだろう。

続いて聡美が診断を受けた。

軽微な胸膜プラークと微量胸水の所見あり。これが聡美の結果であった。やはりアスベストに起因する可能性がある。というより「胸膜プラーク」はアスベスト疾患の指標となる所見であり、逆に言えば、この所見がなければアスベスト疾患とは認められない、アスベストが原因であることはほぼ間違いないというのである。

聡美についても、この程度であれば症状が出ることは少ないのだが、過敏症の傾向があれば出ることもある。とにかく他の原因は見当たらないという結論だった。

仕事から戻った本田は、理恵からこの結果を聞かされて唖然とした。

本田の人生でアスベストに関わった経験は、一切ない。本田の職業はアスベストとは全く無縁である。ましてや子供に関わりがあろうはずもない。

一体どこでアスベストに接したというのだろう。……

医師の話ではアスベストを吸入した場合、何らかの症状が現れるまで二十年以上かかる場合があるという。つまり潜伏期間である。

二十年前といえば、清明と聡美は二人とも幼児である。聡美は二十一歳なので二人が同じ原因で発症したとすれば、二十一年以上前ではない。また医師によれば、十年以内に発症する例はまずない。ということは、十一年前から二十年前までの十年間にアスベストを吸引したことになる。

二人とも成長期の子供だったので、成長が進んだ時期の吸引の方が、潜伏期間は長くなる傾向があることが統計データに出ている。

つまり、清明が二歳で吸引し二十年後の今発症したと考える方が、五歳で吸引し十五年後に発症するよりも可能性が高いというのが、医師の見立てだった。

ちょうど二十年前、この時に吸引した可能性が最も高い。……

第二章　一枚の写真から

震災アスベストが問題になったことがあった。

一九九五年の阪神淡路大震災の時は、アスベスト問題は一部の専門家にしか知られていない段階だったため、ほとんどの人がマスクも何もつけずに、被害建物があちこちで解体され、粉塵のまき上がる中を何とか日常生活を取り戻そうと歩き回っていたのだ。ホコリよけのマスクをつけていても、アスベストには何の効果もないことなど誰も知らなかった。

わずか十数年後には、アスベスト以外の原因で起こることのない死に至る病「中皮腫」で亡くなる人が出た。震災アスベストが原因であった。

二〇一一年に大規模津波が東北を襲った東日本大震災でも、がれき撤去作業中のアスベストが問題になったのは、作業が相当進んでからのことだった。ここでも二〇二〇年以降、かなりの人数に症状が現れ、死者も多数出たのであった。

それから十六年を経過した現在、アスベスト対策は徹底され飛散・流出事故は全くなくなったと言っていい状況になっている。

二十年前に、本田家に一体何があったのか。

阪神淡路は言うまでもないが、東北も、間違いなく関係はなかった。どちらも遠く離れた場所での出来事であり、近づくことすら一度もなかったのである。

その当時、本田は営業関係の部署で毎日深夜まで仕事をしていた。休日も出勤することが多く、ほとんど家にいなかった。

理恵も住宅ローンの足しにとパートに出ていた。当時、本田の母親、槇子が同居しており、生まれたばかりの娘と二歳になる息子の面倒を見ていたので、理恵は朝から夕方までフルタイムの仕事をしていた。

母は元気ではあったが、幼い子を二人連れての遠出は難しく、たまに少し離れた公園に出かける以外は、ほとんどずっと家の周りで遊ばせていた……。

そのころ近所で何か変わったことがあったかというと、特に思い当たることはない。強いて言えば、そのころお隣が建て替えて例のおしゃれな家になったことくらいだ。

本田は、パソコンに保存してあるアルバムを見ることにした。

子供が小さい頃の写真は、たまに休みが取れて行楽地へ出かけた時のものが多い。家の近所で撮影した写真は、わずかしかなかった。

公園で妻と子供が一緒に写った写真も何枚かあったが、ほとんどは母が撮影した子供だけの写真だ。その中に二歳の清明が立ち上がって、何かを地面に投げるしぐさの写真があった。その向こうに聡美をおんぶしてしゃがみこんでいる母が写っている。

理恵が撮ったのか、ご近所の人にでも撮ってもらったのかはわからないが、清明の目線より低い位置から撮影された写真である。背景に建物が写っているのだが、半分に切断されたように壊されていて一階も二階も部屋の中が見える状態になっている。その横に我が家の一部が見えるので、お隣の元の家の解体工事途中の写真だとわかる。

前庭に廃材の山がいくつかできている。壊した木材やがれきを、それぞれの山に積み上げているように見える。

清明はなにか薄い板状の切れ端を持ち上げて、振り上げて投げようとしている。タイルにしては薄く不規則な形をしている。足元には同じような切れ端が小さな山になって積み重なっている。

後ろにうずくまっている母の前には、白っぽい板状のものが折り重なって山になっており、小さなかけらを拾った母が背中の聡美に見せているようである。

この写真に問題があるのかどうかわからないが、今のところ手がかりはこの写真しかない。問題がないとわかるまで調べてみるしかないと、本田は考えた。

一体何が壊されて山になっているのか。お隣の元の家は造りが同じだったので、本田の家に使われているものと同じものだろうと思うが、何しろ割れたり折れたりした状態ではどこに使われたものか見当がつかない。専門家に見てもらうよりなさそうである。

本田は建築関係の知り合いがいないか考えてみた……。

第三章　専門家の評価

本田は、大学時代同じクラブにいた杉山誠一が確か建築科だったと思い出し、卒業名簿から探し出した勤務先を訪ねることにした。

杉山は中堅住宅メーカーの施工部門の責任者をしていた。先に連絡してあったので、応接室に通され旧交を温めた後、早速写真を見てもらうことにした。本田は、気になっていることがあってとにかく見てもらいたいことと、二十年前に自宅の隣の家の解体途中の風景であることを断って、写真を差し出した。

杉山はそれ以外の事情を把握しないまま写真を見たのだが、一目見るなり、「あっ、これはひどい！」と言ったのである……。

以下は、杉山の話をかいつまんでまとめたものである。

○違反の証拠写真

これはアスベストの不適正処理の証拠写真だ。二十年前、二〇一六年の写真だと言ったね。アスベストを取り除く際の手順を守ることが義務付けられたのは二〇〇五年なんだ。これはその十年後の写真だよね。当時はまだ規則を守らないひどい業者も一部にはいたが、ここまであからさまな違反写真は初めて見たよ。

○建設リサイクル法

アスベストどころか、そもそも建設リサイクル法違反もある。一応分別はしているようで、木くずやセメント板など種類ごとに山にしているね。しかし、解体途中の建物の屋根を見てごらん。建物本体の二階部分が半分壊れているのに、残りの部分の屋根材がはがされずにそのままになっている。

建設リサイクル法では分別解体が義務付けられていて、そのために解体する順序が決められている。

まず、玄関ドアやサッシ、内部のドアや障子など建具類を最初にはずし、畳や洗面台などの設備関係も全部取り外す。さらに部屋の壁や天井が板張りの場合は、柱や梁などと同じ木材だからそのままでいいが、クロス張りの下地に石膏ボードが使われていると木材のリサイクルに支障が出るので、先にはがしておく必要がある。

次に屋根材の撤去になる。屋根が瓦葺きの場合は一枚一枚手作業ではがして、瓦だけをまとめてトラックに積み込んで搬出しないといけないことになっている。瓦をリサイクルする目的で分別するわけだが、実際のところ瓦のリサイクルはあまり普及していないため、そのまま埋め立て処分することが多い。それでも瓦ばかりをまとめて埋め立てしておけば、将来有効なリサイクル技術が開発され、瓦が貴重なリサイクル資源になった場合に備えて、容易に掘り出すことができるようにしておくことは重要なんだ。

この家の場合、屋根はアスベストを含んだ建材〝カラーベスト〟で葺かれているので、アスベストの飛散を防止するため決められた手順を守って先行撤去するのが大原則だ。こんなふうに建物本体を壊しているのに、屋根材が半分残っているというのはありえない、絶対やってはいけないことなんだ。

施工順序の続きを言うと、内装材・屋根材の撤去が終わったら、ようやく建物本体の解体になる。ここからは重機や機械を使うことが認められている。ここまでは正当な理由がない限り、手作業で丁寧にはずしていくことが義務付けられている。すべてはリサイクルのため、そしてアスベストの場合は飛散防止のためなんだ。

○アスベストの種類

アスベストでもっとも有害なものは吹付けアスベストといって、ビルの耐火性能を確保するために使われたもので、これが風化するとそのままでもアスベストが飛散する。だからこれを撤去するとなると、飛散量が膨大なものになるので、完全に密閉した中で工事する必要がある。いわゆる飛散性アスベストだ。

一方、住宅に使われたアスベスト建材は、ほとんどがセメントにアスベストを混ぜ込んだものので、非飛散性アスベストと呼ばれている。

○〝非飛散性〟のまやかし

この呼び名は誤解を招くので私は嫌いなんだ。そのままではアスベストの飛散はないが、割ったり砕いたりすると確実に飛散するという性質を意味しているのだが、非飛散性といいながら、結局飛散はする。

普通に使っている分には、雨に叩かれようが風に吹かれようが、何も問題はないと言われているが、これも実は怪しい。風化した表面からアスベストがはがれて、風や雨によって拡散しているという説もある。

○アスベストによる大気汚染濃度

アスベストが空気中に拡散している場合、その濃度基準が決められている。大気1リットルあたりアスベスト繊維が10本というのがその基準だ。大気を採取してフィルターに通す。フィルターに残ったアスベスト繊維の数を数えるわけだ。

本来、自然界にアスベストが浮遊している可能性はごく低い。1リットル当たり数本といえども検出された場合は、発生源があるということだ。そもそもこの濃度基準は、アスベスト関連資材の製造工場から漏れ出したアスベストが工場の敷地境界で何本までなら大丈夫ということにするかという、言わば任意に決めた許容範囲に過ぎない。

逆に言えば、一般的な地域では検出ゼロが当たり前なんだ。阪神淡路大震災のとき、当時の行政はこの点を曖昧にしたままで、庁舎周辺で検出されたアスベストの一桁の数字を、あたかも安全が証明されたかのように発表していた。

○アスベストの適正処理手順

アスベスト建材を解体する場合には、アスベストの飛散が拡散しないよう慎重にやる必要がある。どんなに慎重にやっても、ごく少量は確実に拡散するということは忘れないでほしい。

まず飛散を最小限にするために湿潤化をする。簡単に言えば水に濡らすことだ。そして手作業ではがしていく。機械を使ってガチャンとやると当然飛散量が多くなるので、どうしても歯が立たないという場合以外は、手作業で最小限の破壊ですむように、少しずつはがしたり割ったりしなければいけない。

たとえばカラーベストの場合、新築工事中に見ればわかるが、巾が90センチある薄い板材を屋根の下の部分から張り始めて、順番に重ねて張っていき、頂部つまり棟の部分に最後にカバーをかぶせて仕上がりとなる。これを壊していくのに、屋根の下の部分や途中の部分からはがそうとすると、その上のカラーベストが押さえているわけだから当然割らなければはがせない。それは間違いで新築と反対の手順、つまり棟のカバーから始めて上から順にはがしていけば、むやみに割らずにはがせるわけだ。

この写真で息子さんが持っているのは、カラーベストの破片だろうと思う。お母さんがさわっている白っぽいものはたぶんサイディングだろう。ここまで細かくなっているということは、機械で壊して混合状態になったところから適当に同じものをかき集めたのだろう。

アスベストの飛散量は相当なものだったと思うよ。

○飛散防止の囲いと運搬方法

湿潤化と手作業を確実にやったとしても飛散を完全に防ぐことはできないので、シートで現場をすっぽり囲んで近隣に飛んでいかないようにすることも重要だ。

屋根材がアスベスト建材の場合は、シートは屋根の最も高い部分まで覆う必要がある。

さらに、はがしたり壊したりした建材は袋詰めして、保管中や運搬中に万が一にも飛散しないように注意する必要がある。何か尖ったものと一緒に運んで袋が破れてしまうとか、そんなことがないように運搬の方法も具体的に規則で決められているんだ。もちろん違反すれば罰則もある。

杉山は、住宅に使われているアスベスト建材の主なものが、屋根のカラーベストや外壁に張るサイディングだと言ったが、本田はどちらも自分の家に使われていることを知って驚いた。

ということは、二十年前に解体したお隣の家にも同じものが使われており、杉山が言ったような措置が何も行われていなかったことが、写真で明白になっているのだ。

では、本田の子供たちはこの時に吸い込んだアスベストによって肺に疾患が出たのであろうか。

杉山によれば、「その可能性は十分にある。アスベストの厄介な点は、高濃度つまりアスベスト粉塵がもうもうとする中で吸い込んでしまった場合と、今回のようにたぶん低濃度、近くで飛散しているアスベストをたまたま吸い込んでしまった場合とで発病の軽重が必ずしも比例しないことなんだ。もちろん高濃度の方が発症者は多いし中には死に至る人もいる。ところが低濃度であっても人によって平均より早く発症する人もいれば、数は少ないが死亡する人も出ている。どちらが危険とは必ずしも言えないのが、アスベストの怖いところなんだ」。

ずさんな解体業者！

私利私欲のために守るべき施工基準をないがしろにし、近隣住民がどうなろうが意に介さない悪質な解体業者！　本田のターゲットはここに絞られたのだ。

しかし、ここで本田はふとした疑問にかられた。

「ちょっと待ってくれ。アスベスト撤去の際守るべき規則をいろいろと教えてもらったが、これはそもそも実際に撤去作業をする作業員の健康を守るものだよね。作業者本人たちは、自分の身が大切だからいちいち言われなくても基準通りにやるのではないのか？」と本田は杉山に聞いた。

杉山の答えは驚くべきものだった。

「全くその通りだ。ところが、法律の施行が遅すぎたというべきなのか、作業員はすでに同様の解体工事はやりつくしたと言っていいほど経験を積んでいる者が多かったんだ。『今更おれらの健康なんかどうでもいいよ。このレベルのアスベストは何度も吸ってきた。今頃水をかけろのマスクをしろのと言われても、発病するのは二十年後だろう？　病気になるなら、もうとっくになっているはずだ。これから吸い込んでも、発病までにはとっくに死んでるよ。どうでもいいよ。マスクをつけて息苦しい思いをするより、さっさと終わらせて金をもらいたい』と言う作業員が、ほとんどとは言わないまでも、かなり多いと言ってよい状況だったのだ。

結局、近隣は全くの無防備、アスベスト垂れ流しを誰も止めることができない有り様だったんだ」

本田は、今後どうすべきかを聞いた。

「まず、ほかにアスベストを吸い込んだ可能性がないかを調べる必要がある。毎日通っている学校や図書館など定期的に通っている建物で、解体や大規模な修繕がなかったかを調べることだ。子供さんが生まれてから多めに見ても十年までの間だが、たぶんほとんどないと思う。たまたまあったとしても、近寄らないはずだし、公共工事なら規則は厳格に守られていたはずだ。施工記録も四十年の保管義務があるから、飛散の可能性があったかを確認することもできる」

「それがないことを確認した上で、次はお隣さんだ。どこに発注したのか。実際に施工したのはなんという業者だったのか。発注金額はいくらだったのか。このあたりを聞いてみる必要がある」……

結局、子供が通った範囲で解体や大規模な修繕はなかった。幼稚園・小学校・中学校、念のため高校にも聞いてみた。図書館や市民プールなど考えられるところを片っ端から調べてみた結果であった。

本田は確信したのだった。

元凶は、二十年前に隣の家を壊した解体業者に間違いない。

第四章　解体業者

お隣の山口さん一家とはあまり付き合いはないが、会えば挨拶はするし、理恵は隣の奥さんと時々世間話をする程度の関係である。事情を話して聞いてみるしかないと本田は思った。

本田は早速お隣へ電話して、次の日曜日にご主人も一緒に時間を取ってもらうことにした。


隣家の二階にある日当たりのよい居間に通された後、主人の山口奈津夫は海事関連会社の役員の名刺を差し出して、小さな会社だが景気に左右されない業務内容で業績は安定していると、いくぶん自慢げに話した。温厚な人柄で好感が持てた。年齢は六十歳だという。

山口の話から、奥さんは京子という名で五十六歳になるようだ。京子はやや派手な感じの服装だが、年齢に相応しい範囲にとどまっている。ハキハキした口ぶりで人当たりがいい。子供はなく、二人はそれぞれの趣味を楽しんで気ままに暮らしているという。

本田は、順を追って丁寧にこれまでのいきさつを説明した。

「まあ、驚いた！」山口京子の第一声である。

山口もすぐに事情をのみ込んで、何でも協力しようと言ってくれた。

「うちの工事が原因で、お宅の大事な息子さん娘さんが病気になったとしたら、とんでもないことだ。徹底的に追及すべきだ！」

早速、当時の契約書その他関係書類を出して見せてくれた。


山口の話によれば、建物の新築工事は大手住宅メーカーのQホームと契約していた。杉山が勤める会社も大都市圏には出先事務所を構えている中堅メーカーであるが、Qホームは全国各県に支店を持つ一部上場企業である。当然全部任せるつもりだったので、解体工事の見積も依頼したが、金額を見て驚いた。消費税別で二百三十万！　山口としては、壊すだけなので、せいぜい百万までだろうと思っていたのだ。これでは新築の予算にかなり食い込んでしまう。

当時はバブルがはじけて数年が過ぎた時期で、山口の会社もどん底に近いところから、ようやく持ち直してきたところだった。部長に昇進したこともあり、思い切って注文住宅を建てることにしたのだった。気に入った土地がなかなか見つからず、古家付きだったがようやく見つけたのがこの場所だった。古家と言っても築十年で傷んでもなかったので、リフォームを検討したが、京子の気に入ったプランにならず、もったいないが壊して新築することになった。中古購入、解体、新築となったため、所要費用は当初予算の五割増しになり、かなり厳しいローンを組む必要があった。そこでの百万は大きかった。

しかし、値引き交渉はうまくいかなかった。

Qホームの担当者飯山功は、解体工事は下請業者にやらせるため、Qホームとしては下請の見積に管理経費しか乗せていない。下請もQホーム専属の業者で、見積の方法や単価までQホームが管理したぎりぎりの金額になっており、値引きの余地はほとんどないと言うのだった。

飯山は、コンプライアンスを遵守して近隣に配慮した正しい施工を確実に行わなければならない。元請であるQホームがすべての責任を負う。そのためには、この金額でないとできないのだと言った。

いろんな規制があると、三つや四つの法律をあげていろいろ説明してくれたが、山口には何のことかほとんどわからなかった。

一体その「管理経費」とはいくらなのか、飯山の回答は見積書の「諸経費」の欄にある通り15％、三十万円だという。

ではその下請に直接頼めば二百万円でできるのかと、山口は聞いてみた。飯山は、Qホームの下請業者は通常自社では請負っておらず、代金回収を含めて諸手続きをQホームが全部やる前提で金額を決めている、その関係で、仮に下請業者が直接請負ったとしても二百万円ではできないのだと説明したが、山口には理解できない話だった。

結局、解体工事はQホームの契約には含めず、直接、一般の業者をあたってみることにしたのである。

飯山は、Qホームの決まりだと言って「注意事項」の題がある書類を持ってきて、印鑑を押せと言った。リサイクル法がどうの何法がどうのと書いてあり、飯山が丁寧に説明をしてくれたが、山口は売り上げが減った腹いせに何か嫌がらせ的なものではないかと内心思っただけで、説明にはあまり注意を払わなかった。しかし、新築工事を契約していることであり、Qホームの法令遵守の姿勢は信頼していたので、どうせ堅いことが書いてあるのだろうと、とにかく印鑑を押した。

飯山は書類の写しをこちらに渡して、「発注者にも法律で義務付けられていることがあるので、十分注意してください」と言ったので少し気にはなったが、何か捨て台詞のようにも感じて、山口が書類を読み返すことは二度となかった。

インターネットで調べると、解体業者はいくらでも出てきた。

山口が当時住んでいた場所は、現地から車で三十分程度かかる距離だったが、同じ市内にあった。ネットに登録している市内の解体業者は十社以上あり、その中から比較的近所でホームページの感じが良さそうな会社を五、六社選んで見積を頼んだ。現場の地図を提供すると一週間と経たないうちに見積がそろい、最終的に二番目に安かったA興業という業者と九十万円で契約したのだった。八十万円という業者もあったが、ほかは百五十万から百八十万の間で、Qホームの二百万円を超える会社はなかったものの、二社だけが格段に安いことにはさすがに不安を感じた。しかし、ただ壊すだけのために予算オーバーの金額を払う気にもなれず、結局金額だけで判断してそういう結果となったのである。

A興業の担当者は二十歳後半の若い男で、友永俊吉と名乗った。はきはきとした物言いで、それなりに信頼できる感じがした。

一応、Qホームの言っていたリサイクル法を知っているかと聞いてみた。

「当然ですよ！」友永はうれしそうに答えた。「常識ですから！」

「解体工事を始める前には届出することが、建設リサイクル法で決められています。本来はお客様自身が届け出ることになっていますが、普通は業者が代行しています。きっちりやっておきますから、何も心配は要りませんよ。届出書に印鑑がいるので、今度持ってきますから押してください」と、全部理解している様子であった。

山口はすっかり安心した。

契約書は、裏表に細かい記載のある市販のものらしい書式1枚に見積書をホチキスで留めた簡単なもので、山口は友永に言われるままにサインと押印をした。その日は水曜日だったが、ちょうど職人の手が空いたので、工事は来週の月曜日から始めるということだった。

翌日、友永が「届出書」の文字がある書式を持ってきたので、山口は届出者の欄に住所氏名を記入して押印して返した。友永は、その足で役所に行き、ご近所の挨拶回りもその日にやると言った。

挨拶に同行しなくていいのか聞いてみたが、万一苦情が出た場合に依頼主に連絡が行くとややこしくなるので、業者だけでやるのが普通だと言われた。

結局山口は、解体工事中に現場に行くこともなく、約二週間後、無事終わったという連絡を受け、代金を支払ったのだった。それ以後、友永と会うことはなかった。

山口は、Qホームの飯山に手配を頼んだ地鎮祭の日に、初めて解体完了後の現場に行った。きれいに整地された地面に立てた4本の竹に注連縄が張られ、簡単な組み立て式の白木の祭壇がセットされていた。飯山の他に、Qホームの設計と現場の担当者が立ち会ってくれていた。天気もよくすがすがしかった記憶がある。山口は神主の祝詞を聞きながら、気持ちよく工事の安全を願ったのであった。

そのおかげでもあろうか、何事もなく新築工事は完成し、引っ越しして現在に至るということであった……。

どこに問題があったのか――、本田には見当がつかなかった。

山口は、どうぞ何なりと持っていって、気が済むまで調べてほしい、山口としても気になることなので、ぜひ結果を教えてほしいと、A興業との契約書とQホームとの契約書、山口がろくに読まずに判を押したという「注意事項」の書類もすべて本田に預けてくれたのだった。

第五章　法規制

本田は、山口から関連書類一式を預かったものの自分ではどこを見たらいいのかもわからない。再び杉山に連絡して、家を見てもらいたくもあったので、次の休日に自宅までご足労願うことにした。

次の日曜日の朝、杉山が十時の約束通りやって来た。「せっかくの休みの日に、悪いね」と玄関戸を開けて迎えた本田に、杉山は「先に建物の外回りを見せてもらおう」と言って庭に入って行った。本田は急いでサンダルを履いて、後についた。

杉山は、外壁をさわりながら本田に聞いた。

「〝サイディング〟を張っているな。塗装をやり替えただけで、最初からこの壁だと言ったね」

「そうだ、家内が色が気に入らないというので、中古で買った時にすぐに塗装を新しくしたんだ。築十年で買ったんで、ちょうど塗り替えの時期だと不動産屋にも言われて、壁と一緒に屋根も塗り替えた」

「その後は？」

「それから十年後は、ちょうど子供ができて余裕がなく、結局十五年位経って二回目の塗り替えをしたな。それからまた十五年経ったんで、三回目の塗り替え時期は過ぎてしまった。子供らが同居するなら増築もあるかと、いろいろ考えているうちに時間が経ってしまった」

「なるほど」杉山はそう言いながら、壁をさわった手を本田に見せた。

「白くなっているだろう。〃チョーキング〃といって、塗装の防水性能が落ちてきた証拠なんだ。雨水をはじかなくなって、壁の素材に水分が回っていく。素材自体の変質や風化が進むと塗り替えが利かなくなって、素材から張り替えるしかなくなるんだ。まだ、すぐにそうなることはないが、早めに塗り替えた方がいいのは間違いないよ」

杉山は、雑草の目立つ芝生を植えた狭い庭を進み、台所が張り出して庭に出っ張っている所に来た。

「上を見てごらん。他の部分は二階建てだから屋根が上の方にあるが、ここは平屋になっているから屋根がすぐ近くにある。下から見える水平の部分に白い建材が張ってあるね。この部分は〃軒天〃と言って、外壁と同じように防火性能のある建材が張ってある。二階も同じだが、これは〃ケイカル板〃という建材だよ。

さっき道路の向こうから確認したんだが、屋根にはやはり写真で見た通り〝カラーベスト〟が張ってあった。お隣さんも二十年前に解体したときはこの家と全く同じ仕様だったと言ったね」杉山は、念を押すように言った。

杉山は、普段は本田が寝転んでテレビを見ることの多い居間のソファーに腰を下ろした。本田はテーブルを挟んで向かい合わせの椅子に座った。

「なかなか広いリビングじゃないか。キッチンまで入れて二十帖くらいか。食堂に続いて、その奥がキッチンだな。キッチンまで同じフローリングが張ってあるので、余計ゆったり感じるな」と杉山は、奥の方をのぞきながら言った。

「さっき洗面所を借りたが、あそこの床は建てた時のままか？」

「そうだ。子供が生まれる前に洗面台を新しくしたが、床はビニール素材でほとんど傷んでなかったんでそのままにした」

「そうか。あれは〝クッションフロアシート（略してCFシート）〟と言って水回りによく使われた材料だ」

「やはりアスベストがあるのか？」本田は聞いた。

「間違いないな。アスベスト建材のオンパレードだ。屋根・軒天・外壁、洗面所の床もアスベスト建材だ」

「しかしあれはビニールだから、はがしても割れるようなものじゃない。アスベストを含んでいても、飛散することはないように思うが？」

「確かに〝CFシート〟自体からの飛散は少ないな。ところが、床に貼り付けている接着剤、これに間違いなくアスベストが入っている。はがすときに老化した接着剤から結構な量のアスベストが飛散することが、実証実験でも確かめられているんだ」

「接着剤にまでアスベストが入っているのか？　理解できないな」と本田は首をかしげて言った。

「アスベストはさまざまな特性を持っていて、防火関係だけでなくいろんなところに使われている。接着剤に混ぜ込んだのは、密着性が非常に高まるからなんだ。だから、はがすときは十分に水で湿らせて、専用のマスクをつけて手作業で慎重にやる必要がある。特に部屋を閉め切って、アスベストが外にもれないようにすることが重要だ」

「そうか、お隣の解体業者はあの写真から判断すると、お構いなしにはがしたんだろうなあ」

「間違いないだろう」杉山もため息をつきながら言った。

本田は、先日の写真と山口から預かった資料一式をテーブルの上に広げて、山口から聞いた話を順を追って説明した。
ひと通り聞いた杉山は、次の三点について問題があると言った。

一、契約書が適正なものでないこと
二、発注金額が不当に安いこと
三、リサイクル法の届出が正しく出されていないこと

以下は、杉山の説明である。

「三点とも、建設リサイクル法に関わる項目だ。全部違反していると言っていいだろう。まず、契約書に関しては、第十三条で契約書に記載すべき事項が定められているが、ここには何一つ書かれていない。そもそもこの契約書は、建設業法に適合した市販の定型書式をそのまま使っているだけだ。たとえば壁の張り替えなどの修繕工事を発注する場合ならこれで十分だ。しかしリサイクル法では、建設業法の規定以外の項目を指定している。それがすっぽり抜け落ちている」

解体工事の契約書に記載すべき事項

- 分別解体等の方法
- 解体工事に要する費用
- 再資源化等をするための施設の名称及び所在地
- 再資源化等に要する費用

「契約書にホチキス留めした見積書も、単に一式九十万円と書かれているだけで、工事明細がついてない。明細が義務付けられているわけではないが、記載すべき事項の『再資源化に要する費用』は、明細がなければ書けない。この費用は、リサイクルが義務付けられている木くずとコンクリートくずを、現場から処理業者まで運搬する費用と、処理業者がリサイクルする費用を合計した金額を書くことになっている。たとえば木くずが何トン出ると見込んでいるのか、運搬と処分のそれぞれの単価がいくらなのかがわからなければ、計算のしようがないわけだ。

発注金額については、第六条に『建設資材廃棄物の再資源化等に要する費用の適正な負担に努めなければならないと定めている。

Qホームの二百三十万円と、実際に発注したA興業九十万円とを比較して、どちらが適正でどちらが適正でない費用だと思うか」と杉山は本田に聞いた。

「壊すものになるべくお金をかけたくないのは誰も同じだろう。安い方がいいに決まっている。適正金額かどうか、素人には判断できないと思うが」と本田は正直な感想を口にした。

「しかし、山口氏は結局五社の見積を比較したんだよね。業者によって百万円以上の差があることをどう考えたのか。知らなかった、安い方がよかっただけでは済まないのじゃないか。

少し考えてみるとわかるが、施工業者が適正な利益を得るのは当然であるから、それぞれが仮に20％の利益を得ているとすると、最も高いQホームの二百三十万円とA興業の九十万円、それぞれの原価は百八十四万円と七十二万円ということになる。

Qホームは自社の諸経費が三十万円であると言ったので、下請の解体業者に二百万円で発注しているとして、下請の場合は営業経費がかからないので10％程度の利益を見込むとしたら、原価は百八十万円以下になるかもしれない。それでも七十二万円は異常に安いことがわかる。

Qホームが暴利をむさぼっている証拠でもない限り、その半分以下の金額で発注することが『適正な負担』と胸を張って言えるのか。その可能性はかなり低いだろう。相場の半値以下で発注することは、当然まともな仕事はできないことを承知しているとみなされるのが一般的なんだ」

「届出の件も発注者の責任になるんだろうか。私は業者が全部悪いものとばかり思っていたが、雲行きが変わってきたようだな」と本田は聞いた。

杉山は、うなずきながら話を続けた。

「リサイクル法の届出は、そもそも発注者に義務付けられているのだ。

解体工事が行われることを行政が把握することで、不適正な処理の防止効果が期待されている。二〇一四年六月に大気汚染防止法の改正があって、すべての解体工事現場に行政が立ち入り調査できることになっている。それまでは、飛散性アスベストの撤去の届けが出た現場だけが対象だったが、すべての解体工事が対象になった。

ある行政は定期的に巡回して目に付いた解体現場を飛び入り調査していると聞いたことがあるが、通常行政が把握できるのは、届出対象の現場に限られる。それで結局リサイクル法で届けの出た現場すべてが、調査対象になったということになる」

「しかし、素人に届出のやり方を自分で調べろと言うのは無理があるんじゃないか。大体役所のどこへ出すのか。私なんか、市役所か県庁かどっちに出すかも知らないぞ」本田は思わず口を挟んだ。

「もちろん大半の人はそうだろうが、自分の義務であることは知っておかないといけない。届出作業を委任状を渡して業者に頼むのは構わないが、本来自分でやるべきことなので、届出済みの控えをもらって確かに出したことを確認すべきは当然だ。

話では、どうも解体着手の二、三日前に書類を用意したようだ。届出は着手の七日前に提出しなければならない。二、三日前では受け付けてくれないよ。たぶん出してないだろうと思うね。出していたとしたら、着手日をずらして書いたのかもしれない。つまり虚偽の届出だ。虚偽の届出は、無届と同じく違反とされていて、罰則もあった」

「え、発注者に罰則がかかるのか」と本田は驚いて聞いた。

「当然だ。無届にしろ虚偽の届出にしろ、罰金は同じ二十万円だった。先ほど言った大気汚染防止法では、飛散性石綿の撤去の場合に届出することになるが、やはり同じ時の改正で届出は発注者に義務付けられた。こちらの罰金は三十万円だった。

このときからすでに、発注者に課せられる義務が徐々に大きくなった。発注者の役割の重要性がようやく形になってきたんだ。今では考えられないことだが、石綿含有建材の撤去に関しては、さらに十年近くが経ってようやく発注者の関与すべき役割が罰則付きで、さまざまな規制を受けることになった」

「そうだったのか……」

本田は事の成り行きに狼狽を感じるのだった。一体、子供の苦しみの責任を誰に追及すればいいのか……。

第六章　発注者のリスク

本田の居間で向かい合った杉山の話は、さらに続いた。

「Qホームの見積は、確かに高い。しかし発注者のリスクを確実に取り除いてくれるとしたら、考えようによっては安いと言えるのかもしれない。Qホームの経費は三十万円だということだが、発注者がすべてのリスクを自分で何とかしようとしたら、まず必要な知識を得ることから始めなければならなくなる。それに要する時間と手間とテキスト等入手費用を考えると、それだけでも三十万円は安いと言ってもいいのではないか。

A興業の担当者も同程度の知識はあるはずで、きちんとやろうとすればできるのかもしれない。なぜやらないのか。結局自分が困ることではないからだ。このレベルの会社は、一人の担当者が営業から現場監督まで全部やらされていることが多い。リサイクル法にしろアスベストにしろ、それどころではない、とにかく職人の調整をうまくやって効率よく工事を終わらせることが最重要であって、それ以外のことはどうでもいいのだ。

届出にしても、山口氏が聞いたから届出用紙を手に入れて見せたのだろう。言われなければ、何もしなかった可能性が高いと思うね。当然提出してるはずもない。

今回は、リサイクル法と近隣被害が問題になっているが、発注者のリスクには他にも重大なものがある」

「それは、不適正処理と不法投棄だ」と杉山は声をひそめるように言った。

「解体業者に直接発注すると、解体業者自身が排出事業者となるが、当時の廃棄物処理法には大きな落とし穴があり、そこにはまり込んでしまうことになる。廃棄物処理法は、排出事業者が自ら処理することを前提条件にしているために、他人に委託する場合の規制を中心とした法律の組み立てになっている。たとえば、他人に委託した場合の適正処理を証明する書面としてマニフェストを運用することが定められているが、自ら処理する場合には、簡単な伝票を自分で作成して持ち運べばいいことになっていて、検問にでも引っかからない限り他人に見せる必要がない。つまり自作自演が許されている。やろうと思えば、不正はいくらでもできるというわけだ。

いま言った〝処理〟という言葉だが、運搬と処分の意味を含んでいる。自ら運搬して処分を業者に頼む場合はマニフェストが必要だが、自ら処分するならやはり不要なので、最初から最後まで自作自演が可能になる。

本来、自ら適正に処分しようとすればさまざまな規制を受けるのだが、規制を受けない処分方法がある。自分の敷地にため込むことだ。ある程度の広さの敷地を持っていれば、現場から持ち帰ってとりあえずため込むことができる。処分ではなく、単なる保管に過ぎないのだが。とにかく工事が終われば、代金が回収できる。実際の処分は、金が入ってからなるべく安い方法を探してゆっくりやればいい。驚いたことに、当時ここまでは何ら違法ではなかったんだ。保管基準も決められてはいたが、規制はゆるかった。

当然安くて適正な方法などないし、仮にあってもそれ以上に安い金額で請負っているので、処分などできはしない。ため込む量がだんだん多くなり、最終的にどうにもならない状態になってしまう。放置された産廃に草がぼうぼうに生え、『産廃山』と呼ばれる不法堆積が全国各地に多数ある状態だった。そのままで済めば単に自分の土地の価値がなくなるだけだが、積み上げた産廃は発酵して熱を持つことが多く、炎や煙を出すことになる。そうなれば悪臭や火災の危険で近隣が黙っていない。行政が撤去命令など行政処分を出すことになるが、原因者は金は使い果たして撤去する能力の持ち合わせはない。結局、税金で片付ける羽目になる、という経過をたどる事例が相当数あったんだ」

杉山は、前のテーブルに置かれた冷えた茶を一口飲んで言った。

「それよりはましな業者で、最低レベルの処分費用を見込んでいる場合は、一応ちゃんとした業者に持ち込んで、処分しようとするかもしれない。

解体された家屋のほとんどはリサイクルが可能だし、埋め立て処分するよりリサイクルの方が処理費用が安い場合が多い。だから大半は適正処理されると考えてもいい。

問題はリサイクルできない産業廃棄物だ。たとえば解体工事が一通り終わって、最後に整地をする。当然、木材やコンクリートの細かいものが、かなりの量混じった土砂になる。これを分別することは相当厄介だ。従って中間処理場での処理費用は高くつく。埋め立て処分する場合も、木くず混じりの産廃の場合は、そうでない場合の二倍以上の費用がかかる。

通常の原価を割った金額で請負っていると、そういう高い処理費用は出したくても出せない。結局、不法投棄や不適正処理に走ることになる。当時すでに不法投棄の監視は厳しくなっていたので、不適正処理の方が多かったかもしれない。残土引き受け所と言って、産廃の混じらない土砂だけを受け入れる商売がある。当然、産廃よりかなり安い金額で処分してくれる。ここまでは合法だが、少々産廃が混じっても目をつぶる引き受け所が出てくる。ただの土砂より若干高い単価になるが、正規の処分業者よりはかなり安い。持ち込む方も受け入れる方も承知の上だから、お互いの割高・割安の利害が一致するわけだ。

無許可の産廃処分場もある。産廃処分をするためには処分業の許可が必要だが、許可を取らずに安く処分をする。記録なんか残せないから、当然マニフェストもいらない。それに釣られて、怪しげな業者が次々と持ち込んでくる」

杉山の話は続いた。

「不法投棄が発覚した場合、排出事業者責任が問われることになる。建設業の場合、排出事業者＝元請と規定されているので、Qホームに頼んだ場合はQホーム。A興業に頼んだ場合はA興業が元請として、それぞれが責任を負うことになる。

Qホームの場合は、不法投棄が起こらないようさまざまな手を打っているので、もしあるとしたら、中間処理場から先で起こる不法投棄に巻き込まれることだろう。この場合に発注者まで責任追及されることは、まずないと言っていい」

杉山は思い出したように言った。「Qホームは、山口氏に何か注意書きを渡したと言ったね」

本田が預かった書類を捜して、杉山に見せた。

「なるほど。一枚は覚書の体裁になっているな。発注者にも法的義務があること、特にリサイクル法の届出を忘れないように、という内容になっている。解体工事に関してはQホームに一切責任がないことをわざわざ書いて、両者の印鑑を押してご丁寧に二部作成して、それぞれが持ち合う書式になっている」

「Qホームの契約に入ってないことははっきりしているのに、ここまでやる必要があるのかね」と本田は聞いた。

「まあ、堅いといえば堅い対応かもしれないが、実際ことが起きれば、Qホームも間違いなく事情は聞かれることになる。こういう書面がなければ、専門家としての道義的責任を問われる可能性がある。違法とまで言われることはないだろうが、やはり大手メーカーだから、悪い評判が出るのを警戒しているんだろう。妥当なリスク回避策と言えるだろうね。

一方、A興業の場合はと言えば、自身が不法投棄の実行犯となる可能性が高い。適正処理を考えるより、とにかく安くできる処理を考えるからだ。またA興業が下請に出している場合は、A興業がピンはねをして下請がもらう金額はさらに安くなり、不法投棄のリスクはますます高くなる。

この場合、処理に必要な金額が問題になるので、そもそも最初から安い費用で発注した発注者も、捜査の対象になる。ただし、一般市民である発注者に最終的に何らかの罰則が下されることは、めったにないと言ってもいいが、不法投棄の捜査は警察の担当だ。罰則がないにしても法令違反の可能性がある以上、一般市民といえども捜査の対象になる。警察の取り調べを受けることは、結果として罪を免れたとしても、相当な心理的ダメージを受けるのが普通だろう。

近所の評判にも影響がある。

通常、住まいの新築は、一生に一度の事業だ。警察に調べられるようなことがあっては、せっかくの事業が台無しになったと思わざるをえないのではないか。……」

仮にQホームに頼んでいたらどうだったか。

本田がもう一度資料を確認してみると、Qホームの「注意事項」にはもう一枚パンフレット的な体裁の資料が付いていた。事前調査から工事完了までの各段階ごとに、Qホームがいかに適正な工事をするかをアピールする内容になっている。

それと並べて不適正な解体業者の場合は、各段階でさまざまなリスクの発生する可能性が事細かに書かれている。杉山の話に出た以外にも、家電リサイクル法やフロン排出抑制法、さらには産廃を運搬する際の道路交通法の違反まで網羅されている。

杉山によれば、確かに家庭用エアコンは解体業者では処理できない。家電リサイクル法に従って発注者が家電業者に引き取らせる必要がある。何らかの事情で業務用エアコンなどがあれば、フロン排出抑制法に従って専門業者にフロンを処理させる必要がある。これも発注者の義務である。

すべて当然処理すべきことであって、関連法令を知らないまま一般市民が自分で解体工事を手配することがいかに無謀なことか、さすがQホームはわかりやすく解説できているということだった。

本田自身もほとんど全くと言っていいほど、知らないことばかりだった。素人の山口が『いやがらせ』と感じてしまったのは、無理のないことだったかもしれない。これらを知り尽くして対応するためには、やはり専門家に頼むしかない。

本田は、一体自分の子供の健康を害した張本人は誰だったのか、わからなくなってしまった。

第七章　発注者の罪

本田はとにかく、そもそもずさんな工事をしたA興業がその後どうなったのか調査することにした。

会社所在地と社長名は山口から預かった契約書からわかっていた。

しかし行ってみたところ、そこにはA興業の痕跡も残っていなかった。近所の人の話では十年以上前に倒産して、社長も元々このあたりの人間でもなく、だれも所在を知る者はなかった。

杉山は「このレベルの会社は五年とは持たないだろう。警察沙汰にならなくても、事業が行き詰まって廃業か倒産か、どちらかしかないはずだ」と言っていたが、その通りのようだった。

本田は、次の休日に再び山口を訪問した。

杉山の話の内容を説明し、A興業の現状も話した。山口は話を理解していくうちに、徐々に深刻な表情となった。

「誤解のないようにお願いしますが、私は山口さんを責めるつもりは毛頭ありません。私が山口さんの立場でも同じ結果になっただろうと思う。当時から発注者にこれだけの義務があることは、私も全く知らなかった。そもそも悪いのは不適正な工事をした業者なんです」と本田は本心から言った。

山口は、しばらく黙って考えていたが、深刻な表情のまま顔を上げた。

「本田さん、それは違う。元凶は発注者だ。頼む者がいなければ、そういう業者は存続できなかったはずだ」と山口は声を振り絞るように言った。

「私は、適正な費用を負担していなかった。杉山さんの説明にある通り、明らかに建設リサイクル法の第六条に違反だ。当然、アスベストの適正処理に必要な金額も負担しているとは言えない。私がきちんと費用を支払って、それでもなお業者が不適正を働いたのなら、業者が悪い。しかし、そもそも適正処理に必要な金額が支払われていないのだから、発注者が責めを負うべきは当然のことだ。

法律を知らなかった、業者ができると言ったので信じた、などと言い訳をしてみても始まらない。言い訳が必要である状況そのものが、罪の存在を明白に示している」

山口は姿勢を正して、まっすぐに本田を見て言った。

「本田さん、大事なお子さんの健康を損ねてしまったことは本当に申し訳ない。私にできることは何でもやらせてもらいます。金でお二人の将来の損失を補償することが可能なら、いくらでも払わせてもらいます。どうか許していただきたい」

結　末

こうして、本田の探索は終わった。

しかし息子の清明と娘の聡美の闘病生活は、これからほとんど一生続くのである。命に関わる深刻な事態になる可能性は低いと言われたが、不安は残っている。完治は望めないが、症状の軽減は期待することができる。何とか日常生活が維持できることが、せめてもの慰めである。

山口氏を恨む気持ちは、全くない。また、いい加減な解体業者を野放しにしていた過去の政治を恨んでも意味がない。

当時のすべての発注者が値段にとらわれず、適正な処理ができるかどうか、その一点を追求して業者を選んでもらってさえいれば……。できることなら過去に戻って、すべての発注者に警鐘を鳴らしたいものだ。

二〇一六年に、家を建てるため解体工事が必要になるすべての発注者に。

お隣さんを守るためにやるべきことがあることを、知ってもらいたい。
そのための警鐘を鳴らしたい……。

第二部　解説編

アスベストと発注者

一、解体業者を「元請」にすることの危険性

〈解体業者の「特典」〉

こういう言い方は適切とは言えませんが、実際問題として解体工事を営む業者には法律上の「特典」が与えられます。

廃棄物処理法では業務上廃棄物を発生させる者、即ち排出事業者に対し、廃棄物の適正処分をさせるため様々な規制がかけられており、特に建設業者の場合は実際に現場で作業する者が、下請・孫請・さらにその下請であるという実態があり、排出事業者が特定できない事例が多くあることから、発注者から直接受注した者すなわち「元請」が常に排出事業者になると定められています。

この法律で最も特徴的に厳しい点は、排出事業者（元請）が廃棄物の処理を請負う専門業者に委託したとしても、最終処分が完了するまで排出事業者に責任があるとされていることです。

つまり仮にその専門業者が、悪意を持って委託を受けた廃棄物を不法に処分したとしても、

排出事業者に何らかの落ち度があれば、その責任を免れることはできない。最悪の場合は、代金を支払って処理を委託したはずの廃棄物を未処理のまま引き取って、改めてさらに費用を負担して別の業者に処理を委託しなければならない事態となります。これは稀なケースではなく、日本のあちこちで日常茶飯と言っていい頻度で実際に起こっていることなのです。

解体業者の多くも建設業の許可を受けて営業している以上、一般の建設業者と同様に元請＝排出事業者となることができます。ただし、一般に多いのは新築工事を請負った会社から発注を受ける、すなわち下請となることです。

この場合、新築工事を受注した会社が元請となるため、解体業者は解体工事と収集運搬作業を請負うこととなり、処分業の許可を持っている場合はさらに処分まで委託を受けることになります。

廃棄物処理法により、元請から処理（収集運搬と処分のどちらか、または両方を意味します）の委託を受けた場合は、書面による契約書の締結とマニフェストの運用が必須となり、運搬に際しては、事前に行政に登録済みの車両の側面に許可内容の表示ステッカーを貼り、運搬中は許可証とマニフェストを携行することが義務付けられます。

マニフェストは、元請が廃棄物の最終処分を確認するために必ず必要であり、またその運用に不備があると不適正の評価を受けるため、細かい点まできちんと規則通りに記載されていることが求められます。

マニフェストは七枚つづりの伝票の形式となっており、伝票ごとに「運搬終了」「処分終了」「最終処分終了」を示す役目があり、それぞれの段階ごとに日付がずれながら元請に戻ってくる仕組みになっています。

元請は、返送されたマニフェストの内容が適正かどうか、すべてもれなく返送されたかどうか確実に管理する必要があります。これを怠ると排出事業者責任を果たしていないと判断され、不適正処理が発生すると、先に述べたように処理費用が二重にかかる事態を招いてしまいます。

これは返送する方も回収する方も同様に管理が煩雑であり、関係者すべてにとって事務処理上の負担が大きい仕組みです。

パソコン上でやり取りする電子マニフェストに代えることもでき、そうすれば事務処理負担は大幅に軽減されるのですが、関連業者すべてが加入する必要があり、運用開始以来十五年以上が経過していますが、いまだマニフェスト全体の50％に満たない利用状況となっています。

ところが、解体業者が発注者から直接解体工事を請負った場合は、解体業者本人が元請となるわけですが、事情が一変します。

元請自身が処理（運搬・処分）を行う場合は、「自社運搬」「自社処分」となるため、先に説明した処理委託契約書もマニフェストも必要がありません。どちらも下請に出す場合の元請に必要なものなので、元請自身で処理する場合は当然に不要となるわけです。

廃棄物処理法の基本理念は「原因者負担」すなわち排出者自身が自らの責任において処理することが原則となっているため、自ら処分できない場合の規制に重点が置かれています。自ら処分する場合の規制もありますが、その場合も他人の廃棄物の処分を受ける場合の規制に重点が置かれ、自分の廃棄物を自分で処理する場合の基準は非常に緩やかなものになっています。

これは、廃棄物処理法の重大な欠陥と思われます。

解体工事において排出される廃棄物は、本来発注者の所有物です。解体業者はその処分の委託を受けているのが実態なのに、法律上解体業者自身の廃棄物となるため、どのように処分したかを発注者に報告する必要はありません。

ちなみに、建設リサイクル法対象工事の場合であっても、法対象品目（木くず・コンクリート）のリサイクル完了報告が義務付けられているだけです。それ以外の品目はどこでどうなったのか、発注者には知るすべもありません。

この現実が、解体業者が不正な利益を得ることを容易にし、起こるべくして起こる不適正処理の温床となっています。

これが冒頭に「特典」と申し上げた所以です。

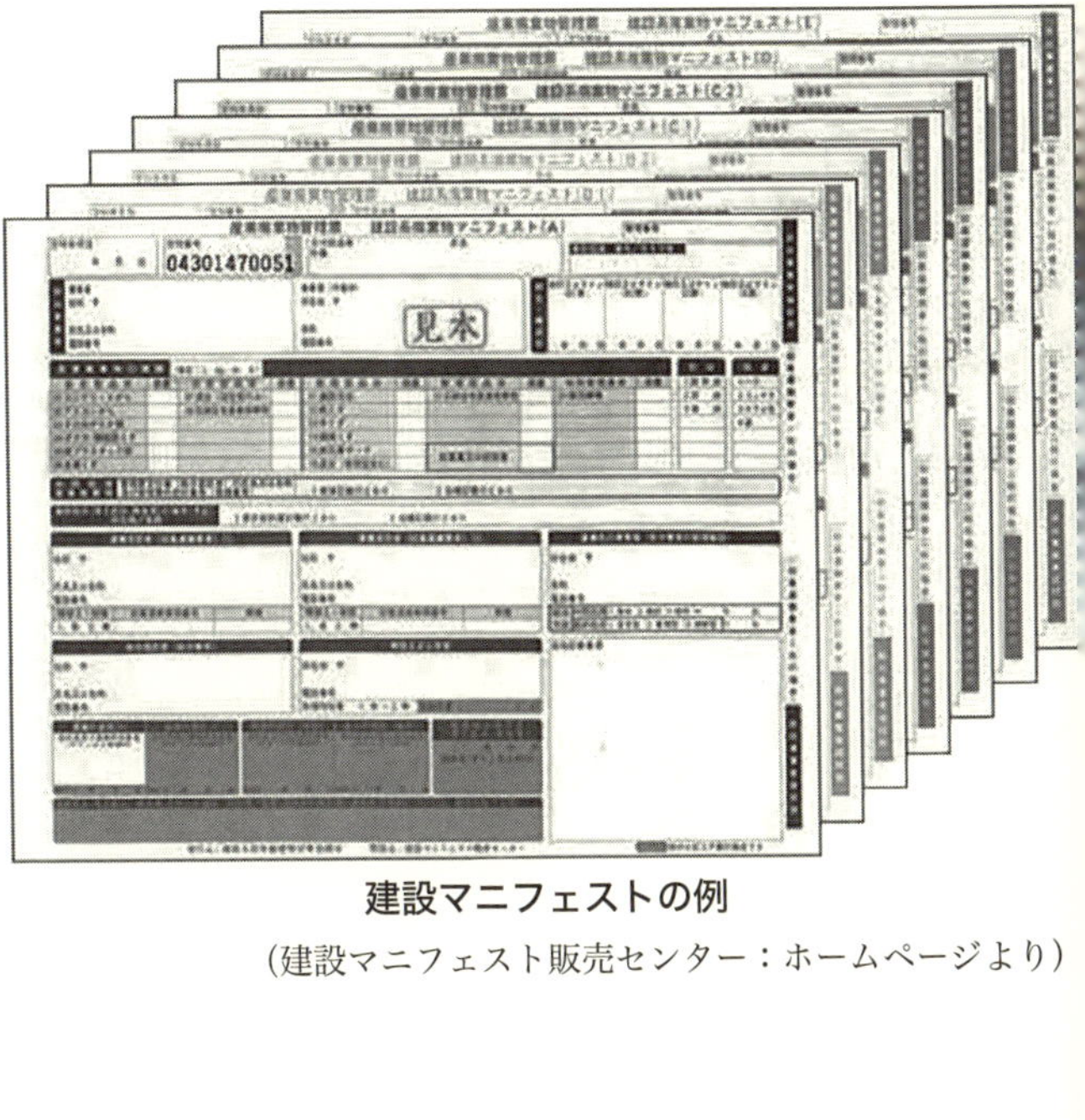

建設マニフェストの例

（建設マニフェスト販売センター：ホームページより）

〈解体業者の不適正処理〉

解体業者自身が元請となった場合、解体工事廃棄物は解体業者自身の廃棄物として処理責任を負うことになります。そこで解体業者が自ら運搬し自ら処分することは、「自社運搬」「自社処分」ということになります。

「自社運搬」に関する不正は、運転手の人件費や車両にかかる原価を下げる目的で使用台数を不当に減らすことで発生します。車両の許容積載重量を超えて運搬する、つまり過積載であり道路交通法違反です。

過積載は、ブレーキの利きが悪くなることやカーブで転倒の危険性が増すことから交通事故の原因となり、無関係な人を巻き込み不幸をもたらします。長期的には道路を傷めることで、余分な税金が投入されることにつながります。

最近は「荷主責任」の追及も行われています。過積載車両を運転する者に罪のあることはもちろんですが、無理に積載させたのが荷主であれば当然荷主の責任もあるという考え方です。たとえば、5トンの貨物を4トン車1台で運べということ、もしくは1台分の費用しか認めないことも同じことです。

解体工事においても、発生する廃棄物量に見合う車両台数を見込んでいない金額で発注すれば、発注者に荷主責任が発生するという考え方もありえます。現在そういう観点で一般個人の発注者が責められる事例は聞いたことがありませんが、適正費用の負担が重要であることに間違いありません。

「自社処分」においては、さらに深刻な違反を引き起こします。

適正に処分するためにはさまざまな処分方法がありますが、たとえば破砕の場合では、処分するための原価として破砕機械の燃料費や維持費、破砕後の埋め立て処分費用やリサイクルできた場合は製品として売却するための運搬費などが必要です。

法律で処分の最終期限が決められているため、解体業者が下請であれば期限内に完了して元請に報告する義務があります。そうして初めて、受け取った代金から原価をさし引いた利益の額が確定することになります。

しかし「自社処分」においては、そもそも処分完了を報告すべき元請が本人と同一のため、処分の期限を過ぎても困る者がいない、実質的に処分の期限がないことになります。発注者から処分費用を受け取っていながら原価が発生する時期は未定ということです。処分するまでの間、受け取ったお金は自由に使うことができます。仮に全額使ってしまっても、次の仕事で得た処分費で処分すればいい……、こうして自転車操業が始まり、未処分の廃棄物が滞留し始め不法堆積となり、いずれ破綻を迎えることになります。

問題は、この破綻までに相当な時間を要するということです。

「産廃山」というのをご存知でしょうか。このようにして発生した不法堆積が時間の経過とともに、草が生え樹木が生えて緑の山となり景観に溶け込んでしまっているものを言います。事情を知らない通りがかりの人は、ただの丘だと思うでしょう。実は有害なものを含んでいるかもしれない廃棄物が、大量に積み上げられた物騒なものなのです。

このような「産廃山」が、食品残渣や木くず・紙くず・繊維くずなどの有機物を多く含む場合、醗酵して熱を持ち水蒸気を発生させたり、さらに燃焼して煙を発生させることが往々にしてあります。必ず

（千葉市議会議員みす和夫氏のホームページより）

悪臭を伴うので、近隣住民は大変な迷惑をこうむることになります。ようやく問題発覚となり、行政が動き、場合によっては警察が動いて不法投棄事件に発展します。

これを防止するため、一定以上の面積の敷地に廃棄物を堆積する場合は、廃棄物処理法において行政への届出が義務付けられています。届出により堆積する場所を行政が把握することで、不法堆積とならないよう監視する主旨ですが、そもそも不法堆積しようという人間が自ら届け出ることを期待するのは無理としか思えません。

結局、発注者が支払った処分費は、解体業者の遊興費になってしまったのかもしれません。解体して現場からなくなったはずの自宅の残骸は、そのまま「産廃山」に埋もれているのかもしれず、結局その処分のために税金が投入される結果となるかもしれ

産廃山の典型：通称「平川富士」

ません。
解体業者が元請になることには、このようなリスクが存在します。

〈解体業者が守るべき法律〉

解体業者は、まず建設リサイクル法を遵守しなければなりません。
正式名称「建設工事に係る資材の再資源化等に関する法律」は平成十四年に施行され、簡単に言うと、一般的に行われていた「ミンチ解体」が禁止され、「分別解体」が義務付けされた法律です。

ミンチ解体とは、最初から重機を使って一気に解体し、片っ端から運び出して処分するやり方です。解体は二、三日で完了し、現場はきれいな更地になります。徹底的に作業費

某所で見かけたミンチ解体現場

用が安くなるやり方と言えます。

ただし何もかもごちゃ混ぜになるため、たとえば木くずをリサイクルしようとしても、ばらばらになった柱や梁を引っ張り出すことは容易ではありません。やろうとすれば相当の手間を要し、作業費用はかえって割高になってしまいます。結局そのまま埋め立てされることがほとんどです。木くず混じりの解体廃棄物は有機物を含むので腐敗や発酵のおそれがあるため、汚染を防ぐ設備のあるところにしか埋めることはできません。そういう施設は費用が高くつくため、本来コンクリートや瓦などしか埋めることのできない処分場に不法に持ち込まれることが多く、また施設でも何でもない深い山中の谷間などに不法投棄される事例も多数ありました。

こういった状況を是正するため、分別解体と特定品目のリサイクルが義務付けられることになりました。

また、この法律以前は請負金額五百万円未満の解体工事は、何の許可も要らず道具と運搬車両さえあれば誰でもできたため、不適正処理に何の歯止めもない業界でした。

五百万円以上の工事には建設業の許可が必要で、一定の知識と技能を持つ主任技術者を配置する必要があります。こちらは建設業法の管轄となります。

建設リサイクル法では、五百万円未満の工事のみを対象とする解体業者の登録制度を創設し、建設業と同様に一定の知識と技能を有する者、名称は少し違いますが、技術管理者を置くことが義務付けられました。

分別解体とは、木くずとコンクリートのリサイクルに支障となるものをあらかじめはずしていくことです。そのため、解体工事の施工順序が決められています。まず、建具や畳、流し台や洗面台など、取り外し可能なものを先に搬出します。内装が板張りであればそのままで構いませんが、石膏ボードが使用されている場合は、木材の分別が難しくなるので先にはがさなければなりません。次の順番は、屋根材の撤去です。瓦はなるべく割らないように下ろします。カラーベストの場合は、アスベスト対策をしてやはり先に撤去します。ここまでは特に理由のない限り、機械を使うことはできません。手作業で撤去することになっています。

建具、設備、内装材、屋根材がなくなったところで、ようやく機械併用で建物本体を壊す順番になります。最後が、基礎の撤去です。


この順番が守られていない解体工事は、違反です。

サッシや雨戸が付いたままなのに壁を壊している。瓦が載ったまま重機で屋根を壊している。そういう工事は、通りがかりに一目見るだけで違反とわかります。


その他の法律として、家電リサイクル法とフロン排出抑制法があります。家電リサイクル法

分別解体

内壁をはがした後、断熱材の撤去中。

解体手順違反

屋根瓦を撤去せず、本体の機械解体に着手している。
（サッシの撤去も中途半端）

は、テレビ・冷蔵庫など指定品目をリサイクルのため家電小売業者に引き取らせる内容ですが、特にエアコンが解体工事に関連します。

普通の壁付けや床置きタイプのエアコンは、家電業者で取り外し可能なので、必ず事前に撤去するよう発注者が依頼する必要があります。

家電業者では撤去困難な埋め込みタイプのエアコンに限り、解体業者に他の廃棄物と一緒に処分させることができます。

発注者に知識がない場合は、プロである解体業者がこの件の説明をして適切な対応をするよう促すべきは当然のことです。普通のエアコンはもちろん、極端な場合は、不要となった大型冷蔵庫や洗濯機などを解体業者が壊して処分するようなことをすれば、発注者が違反を問われることになります。

フロン排出抑制法では、業務用のエアコンや冷蔵庫・冷凍庫などが対象になります。一般家庭ではまず使われることはないと思いますが、店舗併用住宅などには取り付けられていることが考えられます。

このための事前調査は解体業者に義務付けられており、解体業者は調査の結果、対象機器があるのかないのかを発注者に書面で報告しなければなりません。発注者はそれに従って、対象機器がある場合は、県などの指定を受けた専門業者にフロンガスの抜き取りを発注者が依頼する必要があります。

〈元請解体業者とアスベスト〉

廃棄物処理法の「特典」を平気な顔で享受する解体業者が、建設業法はおろか、建設リサイクル法や家電リサイクル法、フロン排出抑制法等々の規制について、適切に遵守できると考えるのは困難でしょう。

とりわけアスベストに関する規則は、アスベストによる被害から保護されるべき対象が現場の作業者つまり自分たちであることから、他の要因「早く終わらせる」「安くあげる」などの目的の陰に追いやられ、結局無視されてしまう傾向があります。

アスベスト被害で守られるべきは、まず現場の作業者には違いありませんが、同時に近隣住民であるべきであり、大気汚染防止法はまさに、その主旨からアスベストについても規制する法律となっています。

しかしながら大気汚染防止法は、あらゆる法律の性格と同様に、より重要度の高いものから規制を強める仕組みとならざるを得ません。すなわち毒性の高い「飛散性アスベスト」を規制する内容であり、「非飛散性アスベスト」は法律の対象には入っているものの、何ら実質的な規制がないのが実情です。

「非飛散性アスベスト」といえども、破壊すればアスベストは間違いなく発散します。しかしその程度は少ないと判断され、現場周辺へもたらす被害は考慮されていません。あくまで作業者自身の安全を守る観点から、労働安全衛生法の範疇となり「石綿障害予防規則」による規制が行われています。

その守られるべき作業者が自分の安全より利益を優先したとしたら、簡単に終わらせて適当に処分して早く代金を回収することを優先したとしたら……、アスベスト被害は間違いなく近隣に拡大します。

本来大気汚染防止法で規制されるべき内容が、程度の軽重を安易に線引きして、結果的に野放し状態にされているのが実態です。

しかし国も放置しているわけではありません。それまで行政が立ち入り調査できるのは、飛散性アスベストの除去に関わる現場に限られていましたが、平成二十六年の法改正により、すべての解体現場（非飛散性アスベストすらない現場も含めて）立ち入り調査ができることになりました。この改正により、非飛散性アスベストの不適正処理が摘発され、近隣住民の健康被害を防止できることが期待されます。

ただし、ここにも大きな問題があります。「すべての解体現場」とはいうものの、行政が把握できるのは建設リサイクル法の届出対象となる現場に限られます。

すなわち延べ床面積八十平方メートル以上の解体現場が対象であり、対象外の現場については、たとえば行政がパトロールでたまたま発見しない限りは把握できません。結局野放し状態であり、さらに法対象にもかかわらず届出のないリサイクル法違反の現場は、当然行政が把握することはできません。

解体工事中の現場の前を、一般の人間がたまたま通りかかった時に、果たしてその現場が建設リサイクル法の届出がされているのかどうか、確認できる仕組みは一応存在します。多くの行政では、届出をすると引き換えにステッカーを渡します。解体現場には、建設業法の許可番号または解体工事業の登録番号を掲示する義務があるので、その掲示板にステッカーを貼ることにより届出済みが確認できます。当然、その標識すら掲示していない場合は、論外の違反工事です。

とはいうものの解体工事現場に標識があるかの確認をするどころか、なるべく近寄りたくないのが人情であってみれば、この仕組みも役に立っているとは言えません。

平成十四年の建設リサイクル法施行当時、郵便配達人がこのステッカーを目安にチェックをし、不正があれば通報する仕組みを導入するとか、したとかいう話がありました。その後十四年経過していますが、そのような事例は一度も聞いたことがありません。

ましてや、そのステッカーを発行すらしない行政がいまだに多数あります。ステッカー発行は国土交通省が推奨しているにもかかわらず、法令に記載がないため、何年たっても予算がない、人手がないなどの理由により発行しない行政があるのです。これらの行政は名指しで糾弾されるべきです。

国土交通省は発行の有無を県別に表示した日本地図を作成していましたが、平成二十四年の調査結果を発表した後、現在は公表していません。それは白地図を使ったもので、発行ありの県は黒く塗られ、そうでない県は白いままと一見わかりやすいものでした。しかし、黒く表示されている県であっても、発行してない市などがあり、逆に白いままの県であっても発行している市などがあるという、実は不正確極まりない図でした。参考までに、図に付けられていた但し書きを紹介します。『各県内の特定行政庁では未実施の場合もあります。逆に都道府県が未実施であっても、県内特定行政庁では導入済の場合もあります。』

これでは、役に立たないのは明らかでしょう。

結局、行政の立ち入り調査に期待しても取りこぼしが大半であり、自分の身は自分で守るしかありません。

二、非飛散性アスベストの「飛散」について

非飛散性アスベストすなわち石綿含有建材の撤去に際しては、放水するなどで湿潤化を行い、極力破壊しないように手作業ではずしていくことが義務付けられています。そうすればアスベストの飛散は最小限に抑えられ、作業員は専用のマスクをしていれば被害を受けることはなく、内装材の撤去は屋内で閉め切った中で作業すること、屋根や外壁材の場合は建物ごと防塵シートですっぽりと覆うことなど定められた作業手順を守ることにより、近隣に被害が及ぶことはないとされています。

〈非飛散性アスベストの飛散量〉

非飛散性アスベストであっても、破壊するとアスベストが飛散するというものの、実際にはどの程度飛散するのでしょうか。

試料名	密度(g/cm^3)	石綿含有率(%)	幾何平均(f/L
耐火被覆板 A	0.793、0.557	12.3	22,850、31,67
耐火被覆板 B	0.619	12.6	27,250
ケイ酸カルシウム板第二種	0.568	10.8	4,120、6,760
ケイ酸カルシウム保温材	0.257	13.8	5,100、5,320
ケイ酸カルシウム板第一種	0.800、0.838	24.2	3,940、5,860
小波板	1.6以上	9.5、18.5	17,126
フレキシブル板	1.6以上	14.3	35

実証実験からの考察が発表されています。
「建築物の解体等に係る石綿飛散防止対策について」（アスベスト飛散防止対策検討会報告書：平成九年環境庁大気保全局）に、「飛散性の比較的低い（レベル３※に分類される）とされている建材でも、ケイ酸カルシウム板第一種のような密度が比較的低い（ある程度柔らかい）建材の場合、かなりの繊維が飛散する。」として、上の表が掲載されています。
（※アスベスト発散の度合いにより、もっとも発散の多い吹付けアスベストなどをレベル１、同じ成分を工場で成型した保温材・被覆板などをレベル２、石綿含有建材をレベル３と分類しています）

「チャンバー内石綿含有建材破砕試験結果（散水無し）」

「耐火被覆板ＡＢ」は飛散性（レベル２）の製品ですが、それ以外は広く一般に使用されている非飛散性の石綿含有建材です。「ケイ酸カルシウム板」は、一般住宅の屋根の軒裏（軒天と呼ばれる）によく使われ、塗装して仕上げられることが多い。また屋内では、台所の壁面タイルの下地や吊戸棚の底面などに使われていました。

「小波板」は「波板スレート」と呼ばれ、物置の屋根や壁によく使われました。どんなものかわからない方でも、JRの古い駅舎のセメント色の波板で葺いた屋根といえば、見当がつくのではないでしょうか。

「幾何平均（f／L）」が空気1リットルあたりのアスベスト飛散本数をあらわしています。

3種類の「ケイ酸カルシウム」と「小波板」の欄を見ると、最低「3940」や、最大「17126」という数字になっています。のちほど説明しますが、人体に害のないと判断されている数字は「10以下」です。非飛散性であっても、破壊すれば確実にかなりの量のアスベストが飛散することがわかります。

〈散水による飛散低減率〉

散水の効果に関しては、「破砕前に散水を行ったとしても石綿含有建材を破砕した場合には必ず石綿繊維が飛散する」「密度が高くかつ外装材として使用される小波板の場合、散水の効果は他の建材と比べ低い」と記載があり、次の表が掲載されています。

試料名	飛散低減率(%)
耐火被覆板 A	19、41
耐火被覆板 B	68
ケイ酸カルシウム板第二種	66、79
ケイ酸カルシウム保温材	43、45
ケイ酸カルシウム板第一種	82、88
小波板	12、34
フレキシブル板	60

同じように3種類の「ケイ酸カルシウム」と「小波板」の欄を見ると、最大で「88％」最低で「12％」となっています。

先ほどの飛散量の最低「３９４０」は、低減率「88％」なら「４７３」に下がりますが、最大の「１７１２６」は、「12％」であれば「１５０７０」に下がるだけです。

散水だけでは、間違いなく「10以下」にはなりません。

東京都が発表している「アスベスト成形板対策マニュアル」(平成二十七年一月東京都環境局)によれば、アスベスト成形板除去作業時の作業場内のアスベスト測定結果として、数字の記載はありませんが、「アスベスト濃度は、概ね乾燥状態≫水噴霧＞湿潤剤噴霧の順となっている」と報告されています。

ここでは、ただの水より湿潤剤の方がましということしかわかりません。

また、環境庁大気保全局大気規制課監修の『アスベスト排出抑制マニュアル』記載のデータから「発生源からの距離に伴い、拡散効果により濃度は低減する」といわれています。常識的な判断としても距離による低減は理解できますが、現実にはさまざまな条件の違いがあるため、実際にどうかということは個別に計測して把握するしかありません。

この点については、一般社団法人住宅生産団体連合会が実証実験を行い、アスベストの飛散量の実測データが発表されています（『低層住宅の解体工事におけるアスベスト〈石綿〉気中濃度測定結果報告書』平成十八年八月）。

これによると、適正な撤去作業中の室内や敷地境界線での測定結果は、国の定めたアスベスト大気濃度基準を下回っていることが確認されました。

適正な作業とは、単に水をかけるだけでなく、外部の石綿含有建材撤去に際しては現場全体をシートで囲い込む、屋内では出入り口や窓を閉め切って隙間を塞ぐ、さらに撤去は手作業で極力破壊を伴わないよう慎重にはずしていく、などの決まりをすべて守って作業するということです。

ちなみに大気濃度基準は空気1リットル当たりアスベストの繊維が10本以内というもので、世界的に見てもかなり厳しい基準が採用されています。（正確には、大気汚染防止法において石綿製造施設の敷地境界基準を10本／Lと定めていることを、一般環境に拡大転用されているものです）

適切に対応すればアスベストの飛散はないと考えていいわけですが、逆に言えば何もしなければ飛散するということです。

法律をきちんと守る解体業者に発注しなければ、親しい近隣の方をアスベスト被害者にしてしまうことが避けられません。

〈新築工事でのアスベスト被害〉

石綿含有建材を解体する場合にアスベストが飛散して健康被害を受けるとしたら、そもそもその建材を使って新築工事をした大工職人やその他業種の職人たちに被害はなかったのでしょうか。当時は、有害とも思わずにせいぜいホコリよけのマスクを付ける程度だったはずです。

私は、一九八〇年代を中心にかれこれ十五年間にわたり、個人住宅の新築工事の現場監督をやってきましたが、今から考えると間違いなく石綿含有建材である屋根材や外壁材を割ったり切ったりする現場に何度も立ち会っていました。

建材を切断すると、もうもうと煙のように粉塵が舞い上がります。今では考えられませんが、当時は粉塵をフィルターで受ける発想はありませんでした。当然のように大気に放出していました。そこに居合わせた私は、職人と話をしながら粉塵を吸い込み、口の中がいがらっぽくなるので、そこら中に唾を吐き散らしていましたが、アスベストを吸い込んでいるとは思いも及ばないことでした。それからまだ中皮腫の潜伏期間四十年を経過していませんが、幸い今のところ私の健康に特に異状は出ていません。

厚生労働省は、アスベスト吸引が原因と認めた肺がんや中皮腫を発症して労災認定を受けた事業所名とそこでどのような作業が行われていたかを、石綿障害予防規則が施行された平成十七年から一覧表にして公表しています。表には、平成二十五年度までに四六六八の事業所がリストアップされています。それぞれの事業所で、たとえば肺がんを発症したのが何人でそのうち死亡が何人かがわかる表になっています。当然ですが、吹付けアスベストなど飛散性アスベストの施工に従事していた方々が、ほとんどです。

この表から、八年間で肺がんになった方一八三八名（うち死亡五二四名）、中皮腫になった方二四一五名（うち死亡七二六名）という数字が得られます。（厚生労働省ホームページより「二十五年度　石綿ばく露作業による労災認定等事業場一覧表〈第2表〉」）

住宅の石綿含有建材の施工に該当すると思われる工事内容には、次のようなものがあります。

木造・鉄骨住宅の新築、増改築、内装工事・木造・鉄骨住宅の新築・増改築工事に従事し、石綿を取り除く作業・石綿ボードの切断作業・木造建築業務の際石綿建材加工作・木造建築大工として、石膏ボード、スレート板などの切断加工・内装仕上げ工事で石綿含有建材加工作業・大工業務・建材の切断加工、石綿を含むスレート倉庫の解体作業

一部リフォーム関連を含みますが、どれもごく普通の住宅建築で行われている作業です。このような作業の従事者を抜き出してみると、アスベストが原因で肺がんになった方が七名（うち四名死亡）、中皮腫は一名（死亡）となっています。（それ以外の石綿肺や胸膜肥厚などのデータは省略）

先の数字から肺がんは全体の約０・４％、中皮腫は０・０４％となりますが、これを少ないと見るべきではないと思います。こういう重篤な症状が出た方がいるということは、もっと軽症であっても呼吸器系疾患がアスベストが原因とは夢にも思わずに、苦しい毎日を過ごしていた、今もそれと気づかずに日々苦しい思いをしている方が、この数字の百倍も千倍もいる可能性はあると考えるべきだと思われます。

三、あなたの家に潜むアスベスト

あなたの住まいが建築後十年以内の新しい家であれば、ほぼアスベストは使用されていないと言っていいでしょう。

「十年」というのは、アスベスト建材の使用が全面的に禁止されたのが、二〇〇六年九月だったからです。「ほぼ」というのは、禁止されたからと言っても、たとえば住宅建築を請負った工務店が在庫のアスベスト含有建材を使用した可能性はゼロではないからです。

リフォームや修繕のため新しい建材を使用した場合も、同様に考えなければなりません。あなたの住まいがそれ以上前に建築されたものであれば、間違いなくアスベストはあると考えるべきです。

ちなみに大気汚染防止法では、二〇〇六年九月一日以降に工事着手した建築物を解体する場合は、アスベスト有無の調査をする必要がないと定めています。禁止された翌日から一切使われていないという判断は、本当に正しいのでしょうか。

あなたの住まいに実際にどんな建材が使用されているのか、外装材と内装材に分けてそれぞれ説明することにします。

〈外装材〉

建物の屋根や壁など外気に面する部分に使われている建材です。アスベストは防火性能に優れていたため、外回りの建材に多く含まれていました。

住宅を含めて広く使われている外装材は、波形スレートです。前章で、破壊するとかなりの量のアスベストが飛散するデータを紹介した「小波板」のことです。ＪＲの駅舎によく見られることをお話ししました。アスベスト含有量は10％前後あります。

一般住宅の屋根に広く使われている石綿含有建材は、カラーベストです。彩色スレート板と言われ、アスベストを混ぜたセメントを板状に固めて塗装した建材です。アスベスト含有量は10～15％。

今でもカラーベストは多くの新築住宅に使われていますが、勿論、現在のカラーベストにアスベストは含まれていません。

壁に使われたアスベスト建材の代表格は、サイディングです。比較的新しい建材なので全体の量は多くありませんが、住宅にはよく使われて、現在では主流と言える建材です。アスベスト含有量の多いものは20％を超えるものもありました。

比較的新しいサイディングやスレートには、裏面に「アスベストを含みません」などと印刷されているので、特にリフォームされた住宅に使用された建材がアスベストを含むかどうか迷う場合に確認ができて安心です。

そうでない場合、アスベストを含むかどうか知りたければサンプルを成分分析することになります。費用は1サンプル当たり三万円から五万円かかります。

アスベストを含む結果になると、手作業で解体する必要があるため、手間賃と仮設費用が高額となります。仮設工事は、通常ならホコリよけのシートを張る支柱だけで足りますが、アスベスト建材の場合は手作業ではがすため、人が上がって安全に作業できる設備が必要になります。三十坪程度の普通の住宅で、アスベストを含まないサイディングの場合と比較したとしたら、仮設・手間・運搬・処分の差額は少なくとも三十万円はかかるはずです。

〈内装材〉

内装材でほとんどの住宅で使われているのは、ＣＦシートやクッションフロアと呼ばれるビニール素材の床材です。特に二十年から四十年前の住宅で、洗面所やトイレ、台所など水回りの部屋の床に多く使われました。

土足歩行用や輸入製品など素材の堅いものには間違いなくアスベストが含有されていますが、一般住宅でよく使われたソフトなタイプは、ホモジーニアスタイプと呼ばれ、アスベストは含有していません。ところが厄介なことに、CFシートを床に貼り付ける際に使用する接着剤にアスベストが含まれています。これはアスベストの多々ある特性のうち「親和性」により接着力を高める効果があり、当時のほとんどの接着剤にはアスベストが添加されていました。ビニール素材なので堅いタイプであっても粉々に割れてアスベストが発散することはないように見えますが、実は、はがす際に接着剤からアスベストの飛散があり、それは実証実験でも確認されています。

洗面所やトイレの床が板張りやタイル張りの住宅も多くありました。この場合は当然ですがアスベストの心配はありません。

台所の壁に張られたタイルやクロス、塗装の下地材料も要注意です。防火性能を確保するために、アスベストを含んだケイカル板や大平板という名称の、ケイ酸質の原料にアスベストを混入したボードが使われました。

次の図は、国土交通省のホームページから引用したものですが、一般住宅の各部分にどんなアスベスト建材が使われているかがわかりやすく書かれています。これは「目で見るアスベスト建材（第二版）」という表題で、印刷して小冊子に綴じることもできます。これ以外にも色々なタイプのアスベストが、多くの写真入りで解説されていて参考になるので、一読をお勧めします。

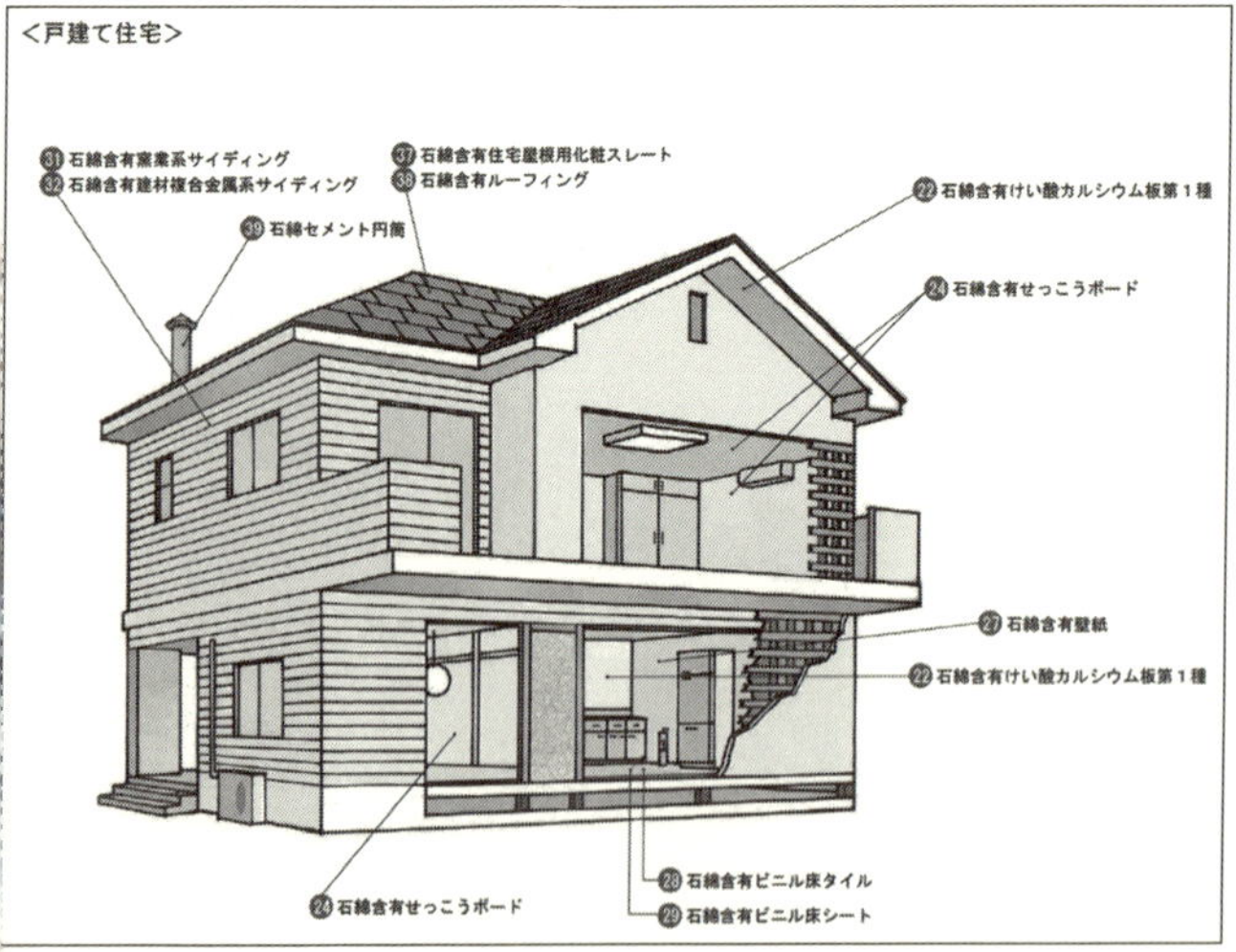

四、解体工事が近所で始まったら……

事前の挨拶もなく、近所で解体工事が始まった場合は要注意です。一般常識すらわきまえない業者です。違反工事が行われる可能性が高いと言わざるを得ません。

事前の挨拶があった場合は、アスベストの有無を確認しましょう。ありの場合はどういう工事をするのか、きちんと説明ができるかどうかが問題です。「適正な工事をします」では不十分です。

外部にある場合は、シート張りの範囲（四方必要です）と高さ（屋根がアスベスト建材なら屋根頂点より高く）を聞きましょう。その場で判断できなくてもかまいません。業者が言うままを、メモしておけばいいのです。相当のプレッシャーとなります。

作業方法を聞きましょう。「水をかけながら手作業で、なるべく割らないように」が正解です。搬出方法を聞きましょう。「袋詰めして密封し、石綿であることを表示する」が正解です。

いつまでも現場に置かないですぐに搬出するように要望しておきましょう。

工事が始まったら、騒音や振動、粉塵などはある程度我慢しなければなりません。自分の家を建てた時、これから建てる時は逆の立場になるので、お互い様であり、やむを得ません。

しかし、アスベストには十分注意して、絶対に被害者とならないことが最も重要です。

〈標識の確認〉

○建設業法許可票または解体工事業登録票
解体工事を行うには、建設業法許可を取るか解体工事業の登録をしなければなりません。この違いは、建設業許可業者はすべての解体工事を請負うことができますが、解体工事登録業者は五百万円以下の工

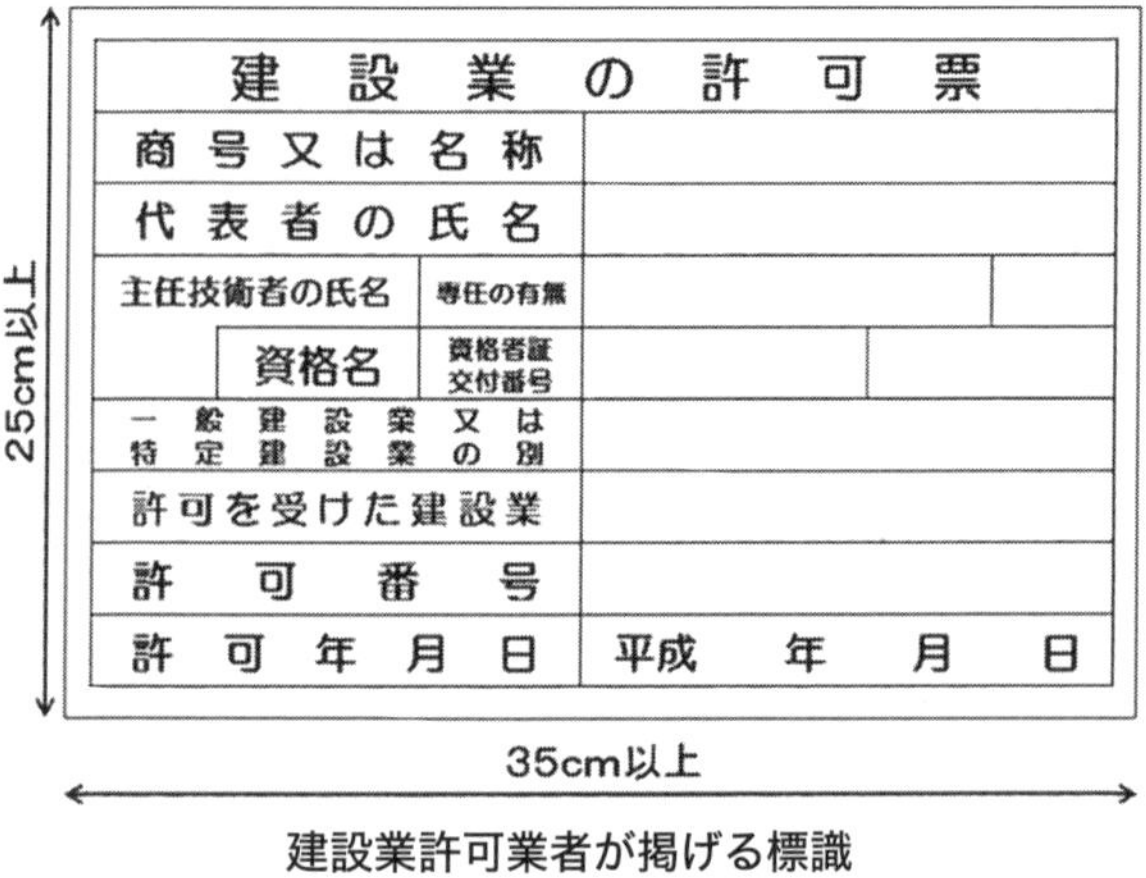

建設業許可業者が掲げる標識

事しか受注できないことです。一般に解体工事業登録業者の方が小規模零細な会社と言えます。

どちらであっても許可または登録の内容（許可取得または登録した日付や番号）を掲示しなければなりません。まずこの点の確認が必要です。

まさか無許可無登録で工事する業者はいないと思いますが、手間を惜しんで標識を出さない業者はあります。杭を打つなどして道路から見やすいように掲示するのが基本です。ちなみに標識掲示なしは罰金の対象です。それがわかってやらないわけですから、この先どんな違法行為をするかわかりません。すぐに役所に通報しましょう。アスベストを吸わされてからでは遅いのです。

解体工事業者登録票	
商号、名称又は氏名	
法人である場合の代表者の氏名	
登　録　番　号	
登　録　年　月　日	平成　　年　　月　　日
技術管理者の氏名	

解体工事業登録業者が掲げる標識

○建設リサイクル法の届出

延べ床面積八十平方メートル（約二十四坪）以上の建物の解体工事は、建設リサイクル法の届出をしなければなりません。届出シールが標識に貼ってあれば確認できますが、先に説明した通り発行しない行政もあります。明らかに基準を超えた建物でシールが見当たらない場合は、行政に問い合わせをしましょう。シールを発行しているということなら、届出なしで工事しているから即刻止めてくれと言いましょう。

発行していなければ、住所を言って届出が出ているかその場で調べてもらいましょう。シールを発行しないのが悪いのです。手間がかかるなどと言われても無視して調べてもらいましょう。届出もしない業者は、当然アスベストなど無視するに決まっています。被害者になるのはあなたです。

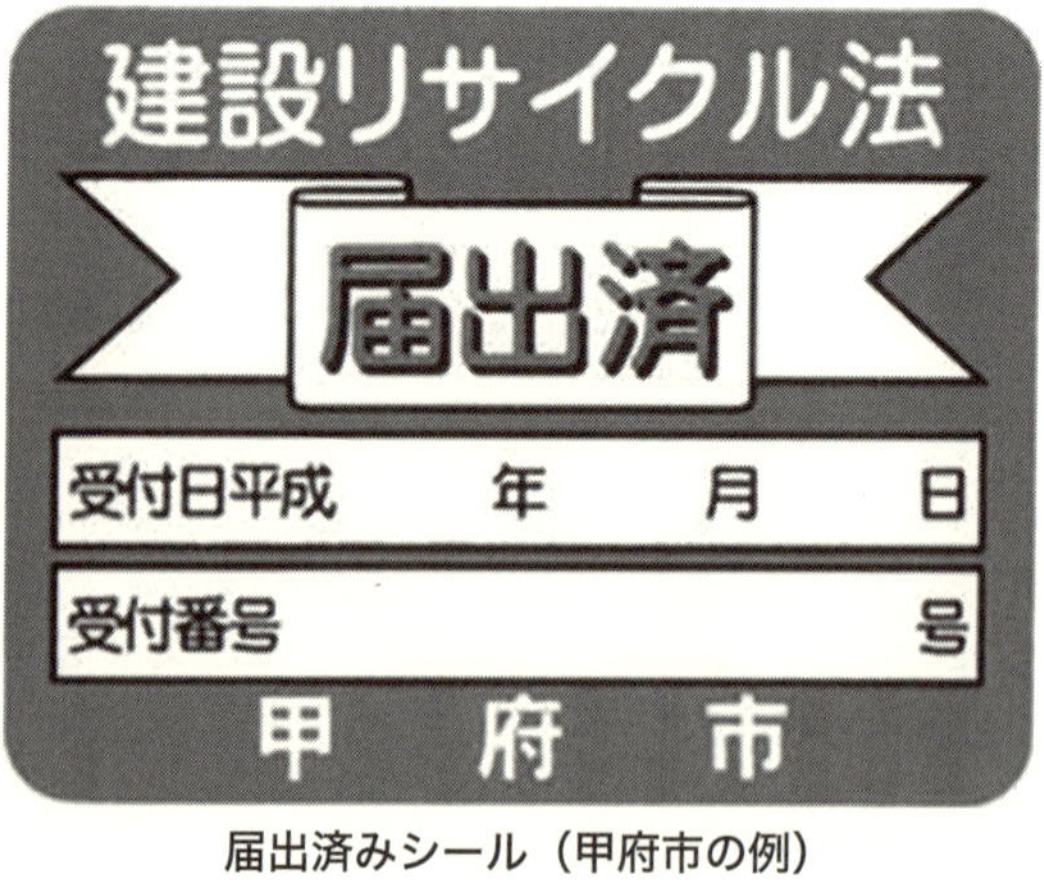

届出済みシール（甲府市の例）

○事前調査結果の表示

事前調査結果の表示は、大気汚染防止法と石綿障害予防規則の両方で義務付けられています。大気汚染防止法は一般大衆（近隣住民）向け、石綿障害予防規則は作業者向けとなります。同じ内容なので、通行人に見やすい場所に掲示されていれば一枚で兼用できます。

内容は、アスベストの有無です。調査した日付と方法（通常は「目視」です）と合わせて三点の記載があれば適正です。アスベストありの場合は、どこに使われているかを書く必要があります。屋根・壁・内装のどこなのかということです。

有無の表示ですので、当然「なし」の場合も掲示が必要です。つまりすべての解体工事で掲示が必要です。建設リサイクル法届出の要・不要にかかわらず必要です。

なぜ掲示がないのか聞いてみましょう。「アスベストはないから掲示していない」と言うなら違反です。それすら知らない業者なら、本当はアスベストがあるのも知らないのかもしれません。

「アスベストがあるのかないのかわからない現場がある。心配だ」と行政に言いましょう。

標識類掲示例

〈工事中の注意点〉

これまでの対応で適正業者と感じられなかった場合や、間違いなく不適正で役所が対応してくれても結局同じ業者が続行している場合は、工事中はなるべく近寄らないようにしましょう。窓を閉め切ってエアコンもつけないほうが無難です。アスベストはエアコンのフィルターでは防げません。

適正と感じられた業者であっても、すべて適切な作業をしてくれる保証はありません。なるべく近寄らない方が無難です。適正作業を見届けるのは、元請に任せましょう。解体業者自身が元請だったら……、やはり同じようにするしかありません。

五、解体工事を発注することになったら……

解体工事は不要になったものを撤去することですから、発注する立場としては、目の前からなくなってしまえばよい、捨てるものにお金をかけたくない、なるべく安く済ませたい、このように考えてしまうことはやむを得ない面があります。

まさにこの考えが違法解体の横行を許す土壌となり、いわば違法行為の需要と供給が一致してしまう原因となっています。

法律に違反してまで安くしたいと考える発注者は、いないと信じます。解体専門の業者ができると言うので発注した、まさか違反をするとは思わなかった、これが普通の人の考えだと思います。

しかし、少なくとも建設リサイクル法の届出を怠ると、業者が何も言わなかったという言い訳は通用しません。届出は発注者の義務であり、二十万円の罰金を科せられるのは発注者なのです。そのほかのさまざまな違反行為も直接発注者の罪でないとしても、最初のきっかけを作ったのが発注者であるあなただと言われたい人はいないはずです。

そしてアスベストです。親しいお隣さんを守るために、絶対に法律通りにやってもらわなければなりません。

〈事前調査に協力する〉

事前調査は、解体業者が守るべき法律としてこれまで出てきたほとんどの法律ごとに、それぞれ必要な項目を調べることが義務付けられているため、必ず実施しなければなりません。

建設リサイクル法では、リサイクルするための事前準備として必要な状況確認を行います。家電リサイクル法とフロン排出抑制法では、それぞれ対象となる空調機器や家電製品の有無をチェックします。たとえば家庭用のエアコンは家電の小売店に引き取ってもらうことになり、もしも業務用のエアコンが設置されていれば、専門業者にフロンを抜き取ってもらう必要があります。

石綿障害予防規則と大気汚染防止法では、アスベストの有無の確認が重要な作業です。そのために建物外周（屋根や壁）はもちろん、室内の床・壁・天井についてはその下地材に何が使われているかまで確認しなければなりません。先に説明した通り、たとえば台所の壁の下地には防火性能を確保するために石綿含有建材が広く使われていたからです。

解体工事がまだ計画段階であり、解体予定の建物に住んでいる状態での調査では、場合によっては見てほしくない部屋もあるかもしれません。その場合でも解体工事を始める前までにはチェックを入れる必要があります。そうしなければ、解体工事中に発見され予定外の出費や工期の延長につながります。最悪の場合、気づかずに作業して近隣にアスベストを撒き散らす結果になるおそれがあります。

壁や天井の下地をチェックするといっても、まだ住んでいる状態であればむやみに壁などをはがしてみるわけにはいきません。たとえばコンセントをはずして中をのぞいたり、押し入れの上の点検口から天井裏をのぞいたりということで確認は可能です。

外回りについてはほとんどの場合見るだけで見当が付きますが、たとえば軒天部分（軒先の下から見える部分）が白いペンキ塗りになっていると、その下地材が何かわからない場合があります。モルタルにペンキ塗りなら大体わかりますが、合板なのか防火板なのかとなると、さわっただけではわかりません。できれば金槌で少し穴が開くくらい叩いて確認したいところです。その際、湿潤化や保護マスクなど適切な措置を取るべきは言うまでもありません。軒天に石綿含有建材が使用されていると、手作業ではがすため作業員が安全に上がれる足場が必要となり、見積金額にも大いに影響があります。

このような事前調査を確実に行って、解体前、解体中に必要になることをすべて書き出して対応する準備をしなければなりません。一通りの調査には、最低でも一時間必要です。適正な解体工事をするために必須の調査なので、面倒がらずに協力することが重要です。

〈適正な費用かどうかを見極める〉

事前調査が終わると工事費の見積が出ます。できるだけ安い見積を期待することは当然ですが、適正な作業ができない金額ではさまざまなリスクが発生することは、これまでお話ししてきたとおりです。

見積の形式を確認しましょう。

床面積あたりの単価を決めて、解体面積がいくらだから合計いくら、という見積はまず失格です。

建設リサイクル法では、事前に「再資源化に要する費用」を算出して、契約書に記載することが求められています。木くずとコンクリートがどのくらいの量になるかを見積もって、運搬費と処分費を合計して初めて「再資源化に要する費用」がわかることになります。従って見積は、少なくとも解体作業費・運搬費・処分費・その他経費に分けた見積である必要があります。

この書式は法律で義務付けられているわけではありませんが、契約書に記載すべき金額の根拠を示すのに必要ということになります。

木くずやその他の品目それぞれの発生量を見込んで、運搬費は車両が何台必要だからいくら、処分費はリサイクルするための単価がいくらだから合計いくらという見積になります。

そんな細かい計算を見せられてもチェックできないと思われるでしょうから、まず算数レベルでできる見積書チェックの方法をお教えします。

たとえば、見積に書いてある産廃の発生量が木くず12トン、コンクリート32トン、合計44トンとします。運搬する車両の台数が4トン車で10台となっている場合と、14台になっている場合の二つの見積を考えてみます。

10台の場合、運べる数量は10台×4トンなので40トン、発生量の方が4トン多いので全部は運べません。現場に残して帰るのでしょうか。

14台の場合は、同じ計算で56トン運べます。発生量より12トンも多く運べます。素人と思って吹っかけているのでしょうか。

正解は14台です。コンクリートは4トン車に4トン載せることができるので32トンなら8台ですが、4トン車には木くず4トンは載りません。木くずは比重が軽いので容積が約4倍になります。つまり4トンの場合16立方メートルになるので普通の4トン車に載せると高く積み過ぎることになり、地面からの高さが道路交通法の上限である3・8メートルを超えてしまいます。この見積では2トン＝8立方メートルを積む計算で、12トンの木くずを6台としているわけです。合計14台となります。

無理すれば10〜12立方メートル積める場合もありますが、そこは安全第一です。無理がなく事故のないような見積をしてもらいましょう。

現実の車両には、車種や荷台の仕様によって「最大積載量」が決められており、4トン車の最大積載量が一律4トンとは言えません。もう少し多めの台数になることもあります。安全第一で判断してください。

〈適正な発生量の把握が難しい〉

先ほどの計算で木くず4トン積めないのはわかったが、予算がないのでもう少し何とかならないかと考える方がいることは自然なことです。「無理すれば10〜12立方メートル積める場合も」あると書いた通り、無理して3トン積むことにして6台のところを4台にしてもらう……。2台分、大体2〜3万円が安くなればありがたいですね。計算上は、確かに成立します。

ここで問題です。では、木くずが12トン出るという見積の根拠は何でしょう。解体業者に聞

解体廃棄物発生量：床面積100m²の木造住宅

調査機関	木くず	コンクリート
一般社団法人 住宅団体連合会	8.3トン	10.3トン
公益社団法人 全国解体工事業団体連合会	8.7トン	20.2トン
某住宅メーカー	7.6トン	26.2トン

いてみればわかりますが「長年の経験から大体見当をつけています」という返事がほとんどでしょう。

解体排出量は、各機関で実地検証を行って標準的な木造住宅の排出量が発表されています。上の表はそこからの抜粋です。

「某住宅メーカー」のデータは私の勤めた会社で調査した数字です。築三十～四十年、延べ床面積80～140平方メートルのごく普通の木造二階建て住宅を十四棟選んで、解体業者と品目別に車両1台ずつ容積と重量を計測して、平均値を求めました。

この表で見ると、木くずの発生量はほぼ近い数字になっていますが、コンクリートはかなり開きがあります。各調査とも標準的な二階建て木造住宅で検証しているものと思われますが、コンクリートは建物の基礎部分の量にあたり、二階部分の面積比（平屋に近い方が基礎が多い）や基礎の種類（布基礎よりべた基礎の方が多い）などによって量が大きく違います。調査した棟数により、平均値が落ち着く位置に違いが出てしまうことになります。

解体業者はこれらの数字を参考にして、あなたの家を評価します。「太い梁を使っているようだ」「この造りは木材量が多いな」などと判断すれば、参考数字より多めに見積もります。「ごく普通の建売住宅だな」と判断すれば少し少なめに見積もるでしょう。これが、解体業者の言う「経験値」の実態です。

実際にあなたの家からどのくらい発生するのか、実はやってみないとわからないのです。近い数字になるだろうと思ってはいますが、はっきり言って「全くわからない」のです。

こういう世界ですから、2トンと言わずに何とか3トン積む見積にしてほしいと言ってみても、肝心の発生量の12トンが10トンで済むのか15トン出てしまうのか……わからないのです。本当は、返事のしようがない世界なのです。

〈請負契約の話〉

解体工事の発注は、通常請負契約の形を取ります。特に問題がない限り、最初に決めた金額で工事を完了するという契約です。問題というのは、たとえば普通の基礎だと思っていたら、隠れた地下室があったなどの場合です。そのまま埋めても支障がない場合と、新築の都合で全部撤去する場合では費用が大きく違いますが、どちらにしても追加金額を支払わなければなりません。

あまり聞いたことはありませんが、実費精算の解体工事もあるかもしれません。解体して実際にかかった金額を支払う契約ですから、明朗会計と言えます。ただ、事前にいくらかかるか知りたくても通常の見積しかできませんから、そこから安くなるのか高くなるのか、工事が終わってみるまでわかりません。

実際にどちらになっても最初に決めた金額で清算できるのが、請負契約の利点です。発注者にとっては事前に予算を把握できるので、こちらの方がありがたい契約です。しかし業者の方は絶対に損はしたくないと思いますから、どうしても多めの見積になる傾向にならざるを得ません。発注者はそこを見込んで値引きを要求する。このあたりの駆け引きがどうしても避けられません。

適正金額をどうやって見極めるか。結局そこに戻ってしまいます。

〈建設業法の改正に関して〉

信頼できる解体業者をどうやって見つけるかは、難しい問題です。知り合いからの紹介や近所で評判のよかった業者など、実績が確認できることも重要なポイントになります。

建設業の許可を持っていることも、一つの目安になるかもしれません。

二〇一四年に建設業法が改正され「解体工事業」の業種が追加になり、二〇一六年六月一日に施行されました。これまで「とび・土工」の許可業者が解体工事を行っていましたが、今後は「解体工事業」の許可を持つ業者しか解体工事を施工することはできません。三年間の猶予期間がありますが、従来の「とび・土工」の業者は解体工事を施工することはできなくなるのです（ただし、前章で解説した「解体工事業登録業者」は、五百万円以下の工事に限り従来通り施工することができます）。

解体工事業の現場責任者（主任技術者と呼ばれます）は、解体工事に関する一定の知識を持っていることが要求され、試験もあります。

解体工事に伴うさまざまな法令に精通していることが求められるわけですから、この許可を率先して取得する業者も信頼に足る条件を持っていると考えてもいいでしょう。

ただ、業者の経営状況は刻々変化します。前向きに解体工事業の許可を取った業者であっても、過去に丁寧な仕事をした業者であっても、何らかの事情で経営が逼迫した場合に期待通りの仕事ができる保証はありません。

そのような状況で、発注者（あなたのことです）から直接発注を受けると、業者自身が元請となり、最初に申し上げた「特典」を生かして不当な利益をあげようとする事態になるかもしれないのです。

〈元請に発注する〉

これを避けるためには、新築工事を頼む会社に元請をさせることが最も簡単な方法と言えます。そもそも信頼して新築工事を依頼するわけですから、下請となる解体業者をきっちり監視することが期待できるはずです。

少なくとも、解体業者の「特典」は封じられます。解体業者は、適切な許可を持ち適切な処理を行い、元請に報告する義務が発生します。元請は建設業法で義務付けられた施工監理を行い完了確認した上で、発注者に報告します。

これまであげてきたさまざまなリスクは、すべて元請が負うことになります。確かに建設リサイクル法の届出義務は発注者にありますが、元請が委任を受けて代行します。万一不履行や不手際があれば、解体業者は逃げてしまうことがあっても、元請は逃げられません。まだ肝心の新築工事がこれからだからです。

元請の管理業務には、当然いくらかの経費が必要になります。直接発注より高くなるのは損だと考えるのか、直接発注より間違いなく適正な工事が期待できるから得だと考えるのか、この点は発注者であるあなたが決断すべきことです。

会社によっては、自身が元請責任を負うことを嫌って、顧客に解体業者を紹介して直接契約するよう誘導する場合があります。その方が安くつくという説明をするかもしれませんが、これまでお話ししたリスクはほとんどそっくり発注者が抱えることになる上に、そういう会社は解体業者から紹介料を取っている可能性もあるのです。企業の社会的責任をどう考えているのかよく問いただした上で、肝心の新築工事を任せられる会社なのか、慎重に判断すべきです。

最後に、解体業者に直接発注した場合に起こりうるリスクと元請に発注した場合に期待できることについてまとめた表を掲載して、本文を終わることにします。

解体業者に直接発注した場合のリスク

発注者・一般人

↓ ← 発注

不適正な解体業者（元請）

↓

届出なしで工事着手
⇒ 建設リサイクル法違反～発注者が処罰対象（罰金20万円）

↓

標識の掲示なし **⇒ 建設業法違反**
事前調査結果の掲示なし **⇒ 大気汚染防止法違反**

↓

根拠のない一式見積（どんぶり勘定、坪＊＊万円）
市価の半値以下の安値で契約
⇒不法投棄発生の場合は、発注者も責任を問われるおそれ

↓

契約書にリサイクル法必要事項の記載なし
⇒建設リサイクル法違反

↓

アスベスト有無の事前調査なし **⇒ 大気汚染防止法違反**
一般廃棄物を産業廃棄物として処理 **⇒ 廃棄物処理法違反**

↓

フロンを回収せずエアコンを解体
⇒フロン排出抑制法違反（発注者が処罰対象）
⇒家電リサイクル法違反（同上）

↓

アスベスト対応なし
⇒石綿障害予防規則違反 ⇒ **近隣へのアスベスト被害！**
⇒近隣クレーム

↓

ミンチ解体 **⇒ 建設リサイクル法違反**

↓

警察の路上検問で発覚
- 車両表示なし、運搬伝票所持なし（自社運搬規定違反）
  ⇒廃棄物処理法違反
- 過積載 **⇒ 道路交通法違反**

↓

無許可の施設に持ち込み **⇒ 廃棄物処理法違反**

↓

木くずを焼却、コンクリートを埋め立て
再資源化完了の報告なし **⇒ 建設リサイクル法違反**

↓

不法投棄 **⇒ 廃棄物処理法違反**
（発注者も警察の事情聴取を受けるおそれ）

元請に発注した場合に期待できること

発注者・一般人

↓ 発注

住宅会社等（元請）

元請の業務
- 事前調査……アスベストの確認
- 解体工事範囲打ち合わせおよび範囲図面作成
- 見積作成：一定の算出方法、適正な統一単価
- 一般廃棄物対応
- 家電リサイクル法及び
  フロン排出抑制法対象機器への対応
- 近隣挨拶への同行
- 建設リサイクル法届出代行

↓

下請解体業者選定
- 委託契約・運搬許可
- 適正な処分先・確実なリサイクル実施

↓ 下請解体業者へ発注

解体業者の業務
- 分別解体
- アスベスト対応
- 近隣配慮
  （騒音・振動・粉塵・落下物・駐車場所・道路清掃等）
- 車両の表示、収集運搬許可証、マニフェスト所持
- 産業廃棄物運搬基準の遵守
- 道路交通法の遵守

↓ 元請へ報告

適正処理完了・リサイクル完了

↓ 発注者へ報告

再資源化報告

おわりに

この本の内容は、真面目に取り組んでいる解体業者には、心外で腹立たしいものだろうと思います。

私が勤めていた会社で発注していた解体業者は、本当にきちんと前向きに取り組んでいる業者ばかりでした。問題が起きるとしたら、その業者が忙しくなって下請に出した場合に起きることがほとんどでした。私の会社が元請ですから、その下請は下請の下請、つまり孫請です。

孫請は、元請の指示を下請経由で聞くことになるので、どうしても本気で聞けない部分ができる。このくらいは、言う通りにしなくても大丈夫だろうと勝手に解釈してしまいます。

結果として問題が起きなかったとしても、元請としては「問題になっていたらどうする」というスタンスを貫く必要があります。それが危機管理です。

一応の縛りがあるはずの孫請がそんな状態ですから、真面目な下請でも一旦元請の制約がなくなったら、何をするかわからない、一般ユーザーが解体業者に直接発注すると、まさにそのリスクを負うことになる、これが本書で言いたかったことです。

人が見ていない時は何をするかわからない。自分で悪いとわかっていても、人の目がなければついやってしまう。軽犯罪などではなく、私の言いたいのは重大犯罪のことです。アスベストは、何も関係のない人の一生を台無しにする力を持っています。しかもアスベストは、ごく身近なところに潜んでいる。

それをきちんと認識して、正しく対処することが重要です。つまり、信用ある業者に適正な費用を支払うことです。壊して捨てるものに大金を払うのは、なかなか難しいことです。しかし、多くの皆さんがそれを実行することがアスベスト被害を防ぐことにつながります。自分が解体工事を発注する立場になった時は勿論、近くで解体工事が始まったら、現場の周りに住む方にリスクを伝えましょう。

不適正なアスベスト処理を、断固許さない姿勢を示しましょう。

皆さんのお子様の将来を守るために！

藤田　克彦（ふじた　かつひこ）

1953年福岡県北九州市生まれ、広島大学建築学科卒業。広島地元の住宅メーカーに10年間勤務後、住友林業㈱に入社。卒業以来一貫して住宅建築に従事。神戸支店・高松支店の工事責任者を経て、2002年より本部機構にて産業廃棄物、解体工事、アスベスト関連の統括管理業務に従事。定年後も嘱託として引き続き同業務を継続している。趣味は、読書と音楽鑑賞。神戸市在住。

アスベスト発生源は、あなたの家？

2016年10月21日　初版発行

著　者　藤田克彦
発行者　中田典昭
発行所　東京図書出版
発売元　株式会社 リフレ出版
〒113-0021　東京都文京区本駒込 3-10-4
電話 (03)3823-9171　FAX 0120-41-8080
印　刷　株式会社 ブレイン

ISBN978-4-86641-001-2 C0252
Printed in Japan 2016

ご意見、ご感想をお寄せ下さい。

［宛先］〒113-0021　東京都文京区本駒込 3-10-4
東京図書出版